『大观南京』丛书（第二辑）

主编◎曹劲松

南京的鸭馔

高安宁 著

南京出版传媒集团 南京出版社

图书在版编目（CIP）数据

南京的鸭馔 / 高安宁著. -- 南京 : 南京出版社,
2024.4
（“大观南京”丛书. 第二辑）
ISBN 978-7-5533-4656-4

Ⅰ. ①南… Ⅱ. ①高… Ⅲ. ①鸭肉－饮食－文化－南京 Ⅳ. ①TS971.29

中国国家版本馆CIP数据核字（2024）第031951号

书　　名　南京的鸭馔
作　　者　高安宁
出版发行　南京出版传媒集团
　　　　　南 京 出 版 社

社址：南京市太平门街53号　　邮编：210016
网址：http://www.njcbs.cn　　电子信箱：njcbs1988@163.com
联系电话：025-83283893、83283864（营销）　025-83112257（编务）

出 版 人　项晓宁
出 品 人　卢海鸣
责任编辑　杨淑丽
装帧设计　赵海玥
图片摄影　龚文新
责任印制　杨福彬

排　　版　南京新华丰制版有限公司
印　　刷　南京凯德印刷有限公司
开　　本　787 毫米 × 1092 毫米　1/32
印　　张　3.75
字　　数　58千字
版　　次　2024年4月第 1 版
印　　次　2024年4月第 1 次印刷
书　　号　ISBN 978-7-5533-4656-4
定　　价　28.00 元

用微信或京东
APP扫码购书

用淘宝APP
扫码购书

前言

南京鸭都甲天下。此言一点不虚！

南京人的饮食史就是一部飘溢着鸭香的生活史。自先秦两三千年以来南京人家桌上的鸭馔、南京人口中的鸭味愈加醇美，香飘海内外。从饮食意义上讲，南京鸭馔无疑是南京最具代表性的美食，它令钟鸣鼎食之家和街坊里巷中人百吃不厌，吃了一辈子还找着理由吃；从鸭业意义上讲，南京鸭店家遍布全市大街小巷，老字号经久不衰，新店家各具特色，让人耳熟能详。上街斩鸭子，闭着眼睛都知道哪家的鸭馔更香；再从鸭文化意义上说，南京鸭子与鸭馔早已融进诗词、歌谣、歇后语、地方志书与文学名著，还同皇家御膳、文人觞咏、百姓餐饮结下了不解之缘。

概而言之，自湖熟文化时期，此后历经春秋战国、六朝、唐宋、明清、民国及至当代，南京城养鸭制鸭世代相承，南京人食鸭品鸭蔚然成“疯”，鸭馔早已成为人们舌尖上的至味。若论鸭馔传承之久远、品种之丰富、销量之巨大，堪称中国之最。

小小鸭馔，它早已深深融入南京人的日常生活。鸭馔虽小，它却是一张“呱呱叫”的南京名片、一本渗透着烟火气的文化经典。闲暇时，人们不妨泡上一壶茶，细细地品，慢慢地读，也许这本书会给您带来无穷的兴味呢。

目录

一 名城鸭史

南京鸭史犹如一条河流，从“小溪”潺潺，到“汪洋”恣肆，正是如此：从春秋战国时的“筑城养鸭”，到南朝齐代皇家供桌上的祭品、梁代战时将士的军粮；从《红楼梦》《儒林外史》文学名著里的鸭馔，到《景定建康志》《随园食单》《白下琐言》《白门食谱》等方志史乘里的鸭馔，再到当代夫子庙、老城南，以及全城鸭子店家里飘出的鸭馔之味，南京鸭馔汇聚成一条美食的“风光带”，它与著名的秦淮风光带一样饮誉海内外。南京鸭馔，既为民间美食，又是盛宴佳肴，帝王贵胄喜吃，普通百姓爱吃，早在大明时期已经“甲于海内”了，到了当代更是驰名中外。

吴楚鸭习

大约4000年前的湖熟文化时期，以及商周至范蠡“筑越城”以后的战国时期，秦淮河流域已有数百处南京先民定居点。他们从事农业生产，除了种植粮食作物，还普遍饲养“六畜”，即牛、羊、马、鸡、犬、豕。特别是3000年前西街环壕与2500年前越城的建造，给以现今中华门为中心的长干里区域带来了发展机遇，这里的农业、渔业、手工业、水运业迅速活跃起来，与此相适应，南京人赖以生存的饮食也得到发展。那时，南京人不只是饲养“六畜”，在肉食方面也大量饲养家鸭，以增加食物来源。

春秋战国时期，楚国的版图覆盖今天的湖南、湖北、江西、安徽、江苏、浙江等地。大诗人屈原的《楚辞·招魂》篇中，就有和祭祀食物有关的诗句：

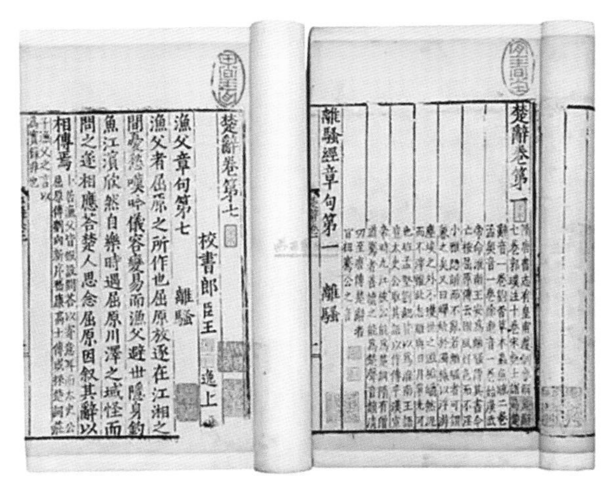
楚辭卷第一

離騷經章句第一　離騷

楚辭卷第七　校書郎臣王逸上

漁父章句第七　離騷

漁父者屈原之所作也屈原放逐在江湘之間憂愁嘆吟儀容變易而漁父避世隱身釣魚江濱欣然自樂時遇屈原川澤之域怪而問之遂相應荅楚人思念屈原因叙其辭以相傳焉

屈原《楚辞》书影

和酸若苦，陈吴羹些。

胹鳖炮羔，有柘浆些。

鹄酸臇凫，煎鸿鸧些。

露鸡臛蠵，厉而不爽些。

“鹄酸臇凫，煎鸿鸧些”，说的是醋熘天鹅肉、煲煮野鸭块（我国辞书之祖《尔雅》记述：野鸭称“凫”，家鸭叫“鹜”），以及煎炸大雁、鸧鸹的意思。楚地养鸭，南京当然也养鸭。

据唐代《吴地记》记载：“吴王筑城，城以养鸭，周数百里。”所谓“吴地”是指以太湖流域为核心的周边城市，包括西至南京地区的一些地方。就是说，

《吴地记》书影

最起码在春秋战国时期，吴国就有“筑城养鸭”的传统。当时的南京地处“吴头楚尾”，在生产生活、社会风貌与生活习俗方面兼有吴楚习尚。而从南京市域地理来看，市域内的冈阜、丘陵与平原交错，江河、湖泊与港汊纵横，山环水绕，城水相依，这里属于水乡与山地相结合的多样化地貌。靠山吃山，靠水吃水，养鸭食鸭，也自然成了南京饮食的一个特色。

齐皇供鸭

南朝时期，南京鸭馔烹制技艺发展很快，皇家餐桌上已经有烤鸭和盐水鸭等鸭馔。帝王之家除主粮之外的美食佳肴异常丰盛，这从齐代皇家祭祀的食物供品中可见端倪。齐高帝父亲萧承之（被追封为齐宣帝）喜食鸭肉，孙辈齐武帝萧赜祭祀供奉的鸭子一类的食物，就非常具体。《南齐书》有记：“永明九年正月，诏太庙四时祭，荐宣帝面起饼、鸭臛；孝皇后笋、鸭卵、脯酱、炙白肉……”用今天的话说，就是：永明九年（491年）正月，齐高祖诏令皇家祖庙四季的祭品：在宣帝的灵牌前，供奉发面饼、鸭肉羹；在孝皇后灵牌前，供奉嫩笋、鸭蛋、脯酱、炙白肉等。

古代朝廷设有专门管理御膳的机构和人员，皇家膳食也形成了制度。除了日常饮食，对除夕、清明、端阳、七夕、中秋、重阳、冬至、万寿、祭日等时日的食物都有法定条规，并有专记。《南齐书》里的“鸭臛”（鸭肉羹）、“鸭卵”（鸭蛋），就是当时祭祀的食物。那时好一点的食物，首先由皇室贵族享用，而底层百姓能有粗茶淡饭就已经不容易了。

梁军鸭粮

秦淮河因为有养鸭之风，所以鸭肉便是南京人食物来源之一。南朝时战事频仍，军中遇到菜肴匮乏，便就近找鸭子加工，用荷叶包裹，作为犒赏将士的美食。太清二年（548 年），梁代将领侯景发动叛乱。他本为东魏叛将，被梁武帝收留，侯景因对梁与东魏通好不满，便以清君侧名义在安徽寿县起兵反叛。翌年，侯景率兵攻进建康（南京）都城。由于战斗激烈，守城将士顾不上吃饭。适逢中秋，鸭子上市，老百姓便将烧好的鸭子送给部队，以充军粮。

梁代吴均《齐春秋》讲了一个类似的故事：绍泰二年（556 年）的一天，北齐军进攻梁都建康，当行进到幕府山时，朝中掌管军权的陈霸先率军与北齐军对峙。当时粮食运不进城，而城里居民四处逃散，无法征粮。士兵们又饥饿又疲劳。陈霸先向商人征收一些麦子，做饭分给士兵。此时，恰好陈霸先的侄子陈蒨送来大米3000斛，鸭子1000只。陈霸先下令蒸饭煮鸭，士兵们个个用荷叶包米饭，饭上盖有鸭肉，随之军心大振。经过奋战，北齐兵落荒而逃。

鸭入店铺

到了宋代，由于商品经济的活跃、工商业的兴盛和市民阶层的扩大，过去南京相对封闭的坊市制度逐步打破。大凡临街住户，都可以破墙开店，比如开设客栈、澡堂、粮店、酒楼、小吃店、香烛店、杂货店等店面。热闹的街头还可以摆设小吃摊、皮匠摊、剃头摊、蔬菜摊、杂耍摊等固定与流动兼而有之的摊位。这样一来，极大地方便了老百姓消费，出行与休闲也更加自由了。

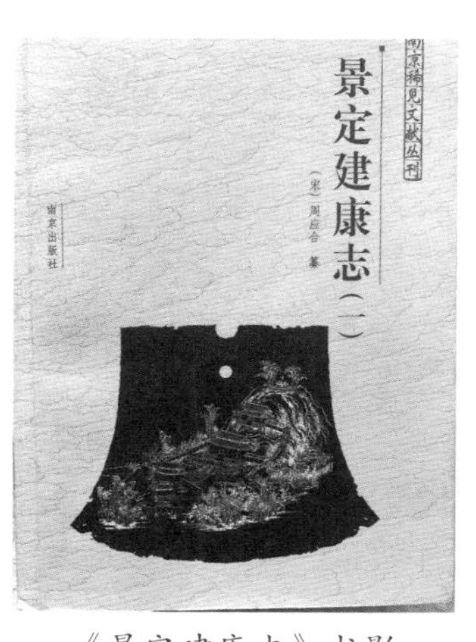

《景定建康志》书影

单从饮食来看，老城南地区出现了一些饮食店和作坊，沿街背巷开设烧饼店、包子店、面条店，还卖馒头、团子、馄饨、馓子等小吃。在《景定建康志·风土志》卷之四十二“物产”条，“禽之品”中就有“凫”（鸭）的记载。街头熟食店专卖鸡、鸭、鹅和猪下水、豆制品等吃食，而鸭馔已经成为南京街头店家售卖的特色小吃。

由于小吃餐饮店和酒楼数量大增，餐桌上的鸡、鸭、鹅和各种羹食、点心、饮料愈加丰富，与此相配套的酒库也有不少。夫子庙及内外秦淮河一带，官营的酒库如公使酒库、凤台酒库、镇淮酒库、嘉会酒库、丰裕酒库、东酒库、北酒库等分布各处，可以想见当时酒家食肆生意是多么的兴旺。

人气板鸭

明初洪武年间，京城鸭馔和其他小吃是十六楼和秦淮饮食店家的佳肴名点。在皇城根下的南京人眼里，板鸭、烤鸭、盐水鸭等鸭馔都是小吃，而且风靡皇都。甚至民间传说，明太祖朱元璋“日食烤鸭一只”。永乐年间，明成祖朱棣迁都，又把南京鸭品带到北京，现今名扬天下的全聚德烤鸭就与南京烤鸭有着直接渊源。明末清初，南京流传一首民谣：“古书院，琉璃塔，玄色缎子，咸板鸭。”所谓古书院，是指当时全国最高学府——南京国子监；所谓琉璃塔，是指被称为中世纪世界七大奇观之一的大报恩寺五彩琉璃塔；所谓玄色缎子，是指秦淮门西一带出产的黑色锦缎，即南京云锦，现在南京云锦已被列为人类非物质文化遗产；所谓咸板鸭，是指湖熟出产的板鸭。可见，当时的鸭品也同“古书院”“琉璃塔”“玄色缎子”一样，名气相当大。按现在说法，叫作人气咸板鸭。

南京贡鸭

清代乾隆年间，由袁枚修纂的《江宁新志》记道：“购觅取肥鸭者，用微暖老汁浸润之，火炙，色极嫩，秋冬尤佳，俗称板鸭。其汁数十年者，且有子孙收贮，以为恒业，每一锅有值百余金，乃江宁特品也。”这里，袁枚讲了南京板鸭加工制作、家族传承和作为南京特产的价值。根据《玄武湖志》引用《齐春秋》上说，板鸭肇始于六朝。侯景之乱时，都城守军以鸭充粮，战时多余的鸭子不便圈养，这时有个军厨出了个主意，将鸭子杀了，配以佐料，用盐腌制，并且压扁保存，于是板鸭最初的制法便流传下来。明清之际，南京湖熟在前人制鸭的基础上，使它正式成为本地特产，这就是南京板鸭的来龙去脉。到了清代，板鸭已经成了向皇家进贡的上品，所以又称南京“贡鸭”“官礼板鸭”。

甲于海内

入清以后，作为东南第一重镇的大都市，南京经济繁荣，餐饮业兴隆，而鸭馔更加盛行。清初，鸭禽销售是家禽里的大宗生意，鸭馔烹制方法也是多样的。甘熙在《白下琐言》里说：“金陵所产鸭，甲于海内，如烧鸭、酱鸭、白拌鸭、盐水鸭、咸鸭、板鸭、水浸鸭之类，正四时各擅其胜，美不胜收。”后来，陈作霖在《金陵物产风土志》“本境动物品考”中，记录了当时鸭子的货源及鸭品的丰饶：“鸭非金陵所产也，率于邵伯、高邮间取之。么凫稚鹜，千百成群，渡江而南，阑池塘以蓄之。约以十旬，肥美可食，杀而去其毛，生鬻诸市，谓之水晶鸭；举叉火炙，皮红不焦，谓之烧鸭；涂酱于肤，煮使味透，谓之酱鸭。而皆不及盐水鸭为无上品也，淡而旨，肥而不浓。至冬则盐渍日久，呼为板鸭。远方喜购之，以为馈献。”这里说了三层意思：一是由于南京鸭品销量大，本埠鸭源不足，大宗鸭子来自江北的邵伯、高邮一带；二是讲了水晶鸭、烤鸭、酱鸭、盐水鸭、板鸭的制作方法。只是粗略描述，就能勾出人的馋虫来；三是外地人喜食南京鸭馔，并把它们作为土特产品捎带回去，这是说南京鸭馔的声名远播。难怪当时文人甘熙的笔下有“甲于海内”的评价呢。

食单鸭馔

袁枚是清代乾嘉时期著名诗人、散文家、文学评论家和美食家，隐居于南京小仓山随园，他所编撰的食谱名著《随园食单》，是对南京和中国饮食文化的卓越贡献。全书分为须知单、戒单、海鲜单、江鲜单、特牲单、杂牲单、羽族单、水族有鳞单、水族无鳞单、杂素单、小菜单、点心单、饭粥单和菜酒单 14 个方面，记有 326 道菜肴。其中《羽族单》里的鸭子品种就有不少，比如挂卤鸭、蒸鸭、鸭糊涂、鸭脯、野鸭团、烧鸭等，这里的烧鸭就是烤鸭。清代夏传曾在《随园食单补证》中记述了野鸭、蒸鸭、鸭糊涂、卤鸭、鸭脯、烧鸭、挂卤鸭、干蒸鸭、野鸭团、徐鸭 10 种鸭馔的作料、加工、烹饪及技艺来源。这两本食单记有众多鸭馔，对今人了解南京曾经的饮食颇有帮助。

鸭谱大全

《调鼎集》是清代中期萃集烹饪经验的一本大全，被后人称为集大成之作。书中写的全都是淮扬菜的烹调方法，其中不少内容来自朱彝尊的《食宪鸿秘》、李渔的《闲情偶寄》和袁枚的《随园食单》。朱彝尊、李渔和袁枚都是文学大家，而且与南京都有直接关系，更算是南京的“常住人口”。

淮扬菜具有食材鲜嫩、调味清淡、色彩悦目、做工精细的特点，适于南京人的饮食习惯，因而尤其盛行。《调鼎集》“羽族部”记述了大量的鸭肴，如白煨鸭、煨鸭块、加香鸭、青螺鸭、蜜鸭、套鸭、煨三鸭、鸭糊涂、炸肉皮煨鸭、八宝鸭、竹节鸭、鸭羹、红炖鸭、干炖鸭、葱炖鸭、熏鸭、酱烧鸭、炙鸭、冻鸭、糟鸭、酱鸭、茶油鸭、酱油鸭、热切板鸭、糟板鸭、酱桶鸭、滚水提桶鸭、煨板鸭、鸭脯、挂卤鸭、腊鸭、风板鸭等。这些鸭馔，在宴席上有的属大菜，有的称小吃，有的兼而有之。另外还有用鸭杂碎加工的美食，如白煮鸭舌、拌鸭舌、炒鸭舌、干鸭舌、煨鸭舌、鸭舌羹、糟鸭舌、醉鸭舌；又如煨鸭掌、软鸭掌、拌鸭掌、冻鸭掌；再如煮鸭肫、炒鸭肫、拌鸭肫、风鸭肫等。《调鼎集》中的“羽族部”，其实就是一本南京版的鸭谱大全，里面多是南京人喜食的鸭馔。

红楼鸭馔

古典长篇小说《红楼梦》因其思想性、艺术性方面的杰出成就，被称为我国文学史上的伟大作品，又被称作我国封建社会大百科全书式的皇皇巨著。书中展开了一幅立体的多层次的饮食生活画面，其中常见的小吃就有：鸭子肉粥、鸭肉、鸭头、碧粳粥、红米粥、腊八粥、建莲红枣汤、菱粉糕、新栗粉糕、藕粉桂糖糕、松瓤鹅油卷、豆腐皮包子、枣泥山药糕、糖蒸酥酪，梅花香饼、小莲蓬儿汤、鸡油卷儿等众多品种。

《红楼梦》里贾母和大观园中晚辈欢聚的情景　清代孙温绘

《红楼梦》第五十四回描写的是元宵夜宴活动。孩子们忙着放炮仗，众人晚宴后围绕贾母看戏。贾母看戏评戏，开心了一晚，她说："夜长，觉得有些饿了。"凤姐赶忙说道："有预备的鸭子肉粥。"按理说，贾母年纪最长，又熬夜，应吃滋补的鸭子肉粥，这是符合食补原理的；可是由于晚宴丰盛，她还是选择了清淡的"杏仁茶"。《红楼梦》第六十二回描写在贾宝玉生日宴会上，大家行令划拳时，"湘云吃了酒，拣了一块鸭肉呷口，忽见碗内有半个鸭头，遂拣了出来吃脑子。众人催他'别只顾吃，到底快说了'。湘云便用箸子举着说道：这鸭头不是那丫头，头上那讨桂花油。"第五十四回元宵夜的鸭子肉粥、第六十二回湘云吃的鸭肉、鸭头，正是南京小吃。"护官符"里所说的"阿房宫，三百里，住不下金陵一个史"。小说里的史老太君贾母和史湘云都是南京人，有吃鸭馔的生活习惯。作者曹雪芹自小在南京长大，家乡的鸭馔是他日常生活中不可缺少的，这在《红楼梦》中也得到了充分体现。

儒林美肴

天下文枢之地的秦淮，六朝风雅醉人，吃喝休闲诱人。文韵弥漫的老城南，骚客荟萃，举子云集。尤其在乡试前夕，前来夫子庙参加科考的、送考的人摩肩接踵。《儒林外史》作者吴敬梓，从安徽全椒举家迁来秦淮河边。他把许多秦淮小吃融汇于小说情节，描写了各色人等在老城南的宴饮场景，这里既有作者自己的影子，又可以看到南京的佳肴小吃。第二十八回写道："当下三人会了茶钱，一同出来，到三山街一个大酒楼上……堂官上来问菜，季恬逸点了一卖肘

《儒林外史》书影

子、一卖板鸭、一卖醉白鱼。”吴敬梓居住在夫子庙东边的秦淮水亭，他对南京饮食风俗了如指掌，如数家珍，在不少章回里写到的菜肴、点心、茗茶和鸭馔之类，细细读来，都让人倍感亲切。这里所说的“一卖”，为明清之际的量词。以板鸭为例，所谓“一卖”，是指两块鸭脯肉、一块鸭颈、一块鸭骨，合共起来就是一份的意思。三山街是老城南商贸繁华中心，饭庄、茶楼、客栈、澡堂、书肆、南北货、典当行比邻而设，人来客往。明清时，文人喜爱雅集，然后上馆子对酒当歌，而三山街、夫子庙、桃叶渡、水西门等地酒楼鳞次栉比，筵宴色香味美，鸭馔便是餐桌上的特色菜品之一。

秦淮船宴

在夫子庙、秦淮河一带招待客人，除了去酒家、饭店和茶馆，还有一种别具一格的方式——船宴。大凡招待本地亲朋和外地来客，主人往往请他们游览秦淮河，以此来尽地主之谊。这样的宴席设在画舫上，船移景换，一路桨声，在频频举杯中船娘不时介绍历史掌故、名人诗词，主客共享良辰美景，自六朝起就已成为一件雅事。清代作家捧花生的《画舫余谭》，记录了画舫上的饮食炊事："而秦淮画舫之舟子亦善烹调。舫之小者，火舱之地仅容一人，踞蹲而焐鸭，烧鱼，调羹，炊饭，不闻声息，以次而陈。"有时候，在画舫后边，另有一只小舟尾随，载有仆人，随时听候。此舟叫作伙食船。船上的菜肴小吃，或由家厨备好，或选择有名的馆子，比如便宜馆、新顺馆这些档次高的酒馆代办。船宴一般有两大特色：一是必有鱼虾河鲜，二是必有鸭馔。主客一边对饮畅叙，一边享受秦淮河美好的时光。

店肆井喷

清末至民国时期，一方面有以鸭馔为主业的专卖店，如庆源祥、韩复兴、魏洪兴、濮恒兴等知名店家前后兴起；另一方面，许多老字号酒楼、菜馆、饭店，以及茶馆、茶楼、戏茶厅和小吃店雨后春笋般不断出现，它们大多经营饭食佳肴。食客随便来到哪个店家，冷盘也好，热菜也罢，都可以点到不同的鸭馔品种。

那时各类店家层出不穷，新老交替。特别是在老城南地区，有马祥兴、陆万兴、刘长兴、奇芳阁、安乐园、老万全、绿柳居、问柳、五凤居、六凤居、六朝居、四鹤春、包顺兴、金陵春、蒋有记、迎水台、得月台、飞龙阁、市隐园、迎水台、庆和园、庆源祥、韩复兴、魏洪兴、濮恒兴、韩益兴、王顺兴等百十个店家。据俞允尧《古今秦淮大观》记载："夫子庙是南京历代茶馆的集中地……自清末以来，著名的有问渠、迎水台、万全、大禄、雪园、奎光阁、新奇芳阁、六朝居、饮绿、市隐园、得月台、义顺、鸿福园、春和园、民众、群乐、月官、文鸾阁、天香阁、麟凤阁、飞龙阁、天韵楼等。"以夫子庙为中心的十里秦淮两岸，餐饮店家与茶社遍地开花，星罗棋布。

这些店家何以出现井喷之势？一是因为1905年废除科举制度以后，占据大半个夫子庙的贡院考场被大小商家蚕食，科举场所的退出为休闲活动腾出了空间；二是因为国民政府建都南京，客观上需要在秦淮河边营造大片集聚的休闲天地，所以一时间秦淮饮食业异常火爆。在这许许多多的店家中，不同品种的鸭馔始终是食客们青睐的美味。

美食天堂

20世纪上半叶，夫子庙及周边的老城南绝对是南京美食的地标。作为全国政治、经济和文化中心的南京，八方人士毕集，而空前繁荣的餐饮市场，容纳了不同菜系，满足了不同口味。特别是花色多样的鸭馔、中外萃集的美食与各类店家共同构成了闻名的美食天堂。

《白门食谱》是民国时期介绍南京特产、菜肴和小吃的书籍。作者张通之是位美食家，他在书中列举了 61 种南京特产和老城南餐饮店家的风味饮食。走进秦淮，处处美味，令人垂涎。作者写道：“大中桥下素菜馆的菜包、石坝街石府的鱼翅螃蟹面、贡院前问柳园的炒鱼片、文德桥得月台的羊肉、东牌楼老宝兴

袁枚《随园食单》和张通之《白门食谱》都是南京重要的饮食著作

的烤鸭与鸭腰、东牌楼南口元宵店的软糕与黑芝麻汤圆、东牌楼北口稻香村的蝙蝠鱼、马祥兴的美人肝和凤尾虾、贵人坊清和园的干丝、颜料坊蒋府的假蟹粉、新桥九儿巷口肉店的松子猪肚、殷高巷三泉楼的酥烧饼……”秦淮河两岸各家自有绝活，佳肴美不胜收，好一个美食天堂。

八绝小吃

在改革开放的春风里，南京迎来了凤凰涅槃的黄金岁月。向来以荟萃鸭业鸭馔著称的夫子庙秦淮风光带，随着地区经济繁荣，商业兴盛，旅游业活跃起来。在萧条了多年以后，具有浓郁地方同色的风味小吃悄然回到夫子庙，重新走进人们渴盼的美味生活。由此，一家家老字号和新开的酒店、菜馆、小吃店连片崛起，构建了古色古香的饮食环境，为广大市民和海内外游客提供了更有特色的饮食之所。

说起秦淮饮食，就要说到秦淮小吃；而说起秦淮小吃，就更要说到其中最具代表性的八绝小吃。1987年，八套秦淮小吃被定名为“秦淮风味八绝”。

第一绝：魁光阁的五香茶叶蛋、五香豆、雨花茶；

第二绝：永和园的开洋干丝、蟹壳黄烧饼；

第三绝：奇芳阁的麻油干丝、鸭油酥烧饼；

第四绝：六凤居的豆腐涝、葱油饼；

第五绝：奇芳阁的什锦菜包、鸡丝面；

第六绝：蒋有记的牛肉汤、牛肉锅贴；

第七绝：瞻园面馆的薄皮包饺、红汤爆鱼面；

第八绝：莲湖糕团店的桂花夹心小元宵、五色糕团。

在许许多多的秦淮风味小吃中，清真小吃就是其中一大品类。21世纪之初，奇芳阁推陈出新，创制了“清真八绝小吃”。

第一绝：麻油干丝、粽香羊排；

第二绝：灵菇鱼肚、奶汤细面；

第三绝：双味美碟、雨花香茗；

第四绝：金钩鸭舌、鸭油烧饼；

第五绝：卤水臭干、桂花芋苗；

第六绝：牛肉锅贴、竹荪牛汁；

第七绝：江鲜蒿丸、什锦菜包；

第八绝：雨花元宵、鸡茸汤包。

在上述“秦淮风味八绝”中，奇芳阁的“鸭油酥烧饼”名列其中；而在奇芳阁的“清真八绝小吃”中，“金钩鸭舌”“鸭油烧饼”榜上有名。自古至今，与鸭子有关的美食在秦淮名小吃里始终占有一席之地。

麻油干丝
粽香羊排
灵菇鱼肚
奶汤细面
双味美碟
雨花香茗
金钩鸭舌
鸭油烧饼
卤水臭干
桂花芋苗
牛肉锅贴
竹荪牛汁
江鲜蒿丸
什锦菜包
雨花元宵
鸡茸汤包

奇芳阁小吃

时代盛宴

在经济迅速发展的今天，夫子庙地区是南京最具特色的文化旅游窗口。秦淮的吃、喝、玩、乐、游、购、娱诸要素，已然构成一个完美体系——这就是自古以来就形成的休闲链条。在这个链条中，夫子庙美食（小吃）街和小吃群声名鹊起，老城南俨然成了小吃的王国、吃货的乐园，一幅新版的“小吃繁会图”呈现在世人面前。该地区的状元楼、奇芳阁、永和园、秦淮人家、晚晴楼、金陵春、贵宾楼等众多老字号、新店家闻名遐迩，尤以秦淮小吃宴名扬海内外。

状元楼小吃宴。状元楼为夫子庙地区一家五星级涉外商务型酒店。2005 年四五月间，中国台湾国民党主席连战的“和平之旅”、台湾亲民党主席宋楚瑜的“搭桥之旅”访问团先后造访南京，都在状元楼受到热情接待。状元楼酒店精心准备 20 余道秦淮小吃和地道南京菜，其菜谱后被称为“状元楼小吃宴”。食单包括：蟹粉小笼包、芦蒿炒咸肉丝、鸭血粉丝汤、五香豆、炸臭豆腐干、七家湾牛肉锅贴、鲜肉小馄饨、萝卜丝煎饼等。以鸭血粉丝汤等小吃招待高规格客人，不啻让普通的小吃上升到非同一般的层次。访问团成员告别时纷纷称赞：小吃虽小，但却吃出了久违的“乡愁”。

晚晴楼小吃

秦淮人家风情宴。四方游客前来夫子庙观光，品尝小吃已然成为一种享受。大凡一些重大社会文化活动，比如第六届世界华商会、中国第六届艺术节、南京历史文化名城博览会等此类活动，往往以风情小吃晚宴作为压轴戏。以秦淮人家宾馆某次晚宴为例，小吃菜单就很有味道。食单有：

第一部分——小酌民间风

金陵之饮：百合绿豆汤、雨花香茗茶；

应天之碟：盐水鸭冷拼、巧手拌洋花、冰镇脆马蹄、马兰头豆干、城南卤冬菇。

秦淮人家

第二部分——品味烟水气

人文之味：菊叶鱼圆盅、五香状元蛋、柴火小馄饨、金陵小笼包；

民俗之味：豆瓣烧苋菜、乌金小烧卖、如意回卤干；

鼎甲之味：紫苏料烧鸭、鸭血粉丝汤、鸭油酥烧饼；

乡土之味：鸡汁江白鱼、雨花石元宵、什锦拌凉粉、梅花甑儿糕。

菜单中没有山珍海味，鸭馔等再普通不过的小吃却登上了大雅之堂。这些家常小吃，让人们吃出了老秦淮的民间风，品到了老南京的烟火气。

而夫子庙这个小吃宴集聚的地方，大凡南京重大的文化盛事往往在此画上圆满的句号。因为这里不仅可以领略夫子庙和十里秦淮的风流、风雅和风韵，还可以把品尝舌尖上的小吃作为一件赏心乐事。一边啜饮清茗，一边品尝小吃，还可将品小吃、游画舫、观美景、赏风情的单个趣事，串联成一个完整的乐享过程，这便是南京作为历史文化名城慢生活的魅力所在。

除了举办重大文化盛事时的小吃宴，南京更多的是海内外游人和广大市民的小吃宴。但不管何种小吃

贵宾楼小吃

宴，也不管逢年过节还是寻常日子，都有“无鸭不成席”之说。

品种繁多的鸭馔，既源于历史的传承，又来自时代的创新。这里不说酒店餐馆烹制的鸭肴，只讲街头鸭子店零售的鸭馔。烹制的整鸭就有盐水鸭、烤鸭、松子烤鸭、脆片烤鸭、酱鸭、笋鸭、黄焖鸭等十多种。如果去鸭子店斩鸭子，则可以“一鸭多吃”，就是把鸭子各个部位，加工出数十种甚至上百种鸭馔。鸭子全身各个“部件”，都是人们喜爱的美食，如：鸭头、酱鸭头、蜜制香辣鸭头、鸭脖、香辣鸭脖、五香鸭脖、麻辣鸭脖、鸭爪、鸭心、鸭舌、金钩鸭舌、鸭肝、鸭肠、桂花鸭肠、鸭肫、鸭胰、鸭掌、鸭翅、五香鸭翅等零散小吃；另有与鸭子有关的小吃，如白拌鸭、鸭肉羹、鸭血面、鸭肠面、鸭肫面、六鲜腰肚鸭肫面、鸭肉烧卖、鸭油酥烧饼、鸭花汤饼、鸭肫烧卖、烤鸭包、鸭子肉粥、鸭血粉丝汤、麦仁鸭肉松等鸭类小吃，真是不胜枚举。

丰盛的鸭馔，香溢南京。它们的香气熏润着美丽的古都，熏润着人们的生活。

盛甲天下

南京鸭馔，深藏着千百斯年的诱人密码，萦绕着千丝万缕的城市烟火气。回望南京鸭馔发展史，不难发现：南京鸭馔既适于华堂雅宴，也便于民间小酌，不是珍馐，赛似珍馐，故能传之久远，香袭中外。

从古代到当下，秦淮河这条人文烟火之河滋养了世世代代的南京人。秦淮风光带，既是观光带，也是文化带，还是佳肴美食带。在这里，帝王将相、文学大家、艺术名流、行商坐贾和平民百姓的吃喝玩乐相互交融。而秦淮河两岸的长干里、三山街、夫子庙与

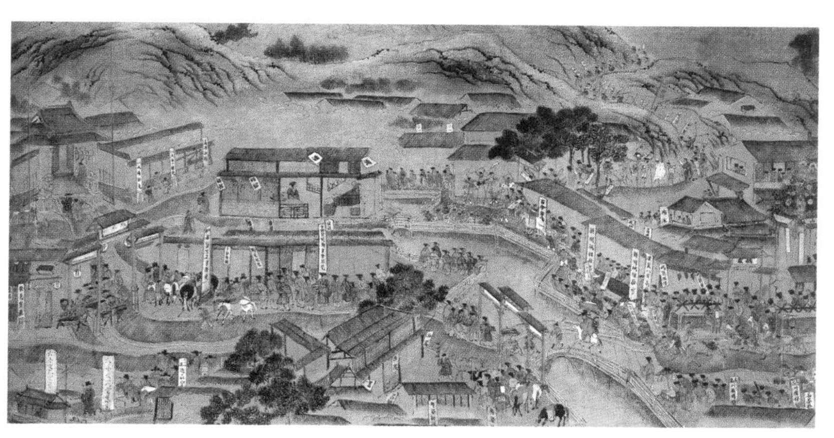

《南都繁会景物图卷》描绘了明代老城南的繁华富庶之景

大行宫、新街口等地区，人口多，商家多，食肆多，更是南京鸭业发展和鸭馔消费的重要区域。

从城南到城北，南京烟火之味缭绕着游人和市民都喜爱的美食街。它们有大石坝街、贡院街、三条营、三七八巷、仙鹤街、彩霞街、大板巷、侯家桥、王府大街、明瓦廊、长白街、科巷、狮子桥、三牌楼大街等不同美食街。这些代表性的街巷，从早到晚总是熙熙攘攘，在这里人们不仅可以吃到地道的南京小吃，尤能品尝到朝夕萦绕的千古鸭香。

传承了先秦、六朝、明清以来饮食基因的南京鸭馔，早已成为恒久的时尚美食。它让本地人对它的偏爱，达到欲罢不能的地步；而又让来此旅游的外地人垂涎欲滴。全市鸭馔经营网点遍布长街短巷。其中，普通百姓熟知的就有徐家鸭子店、章云板鸭店、陆家鸭子店、巴子烤鸭店、兄弟烤鸭店、金宏兴鸭子店、金家鸭子店、严记鸭店、阚老二鸭子店、鸭来哒秘制鸭肠店、杨震卤菜店、张记卤菜店、富强卤菜店、达记卤菜店等热门店家。时下，南京鸭产品品牌共 50 多个，年加工鸭产品近亿只，鸭产品深加工企业达 120 多家，各类鸭馔经营网点有 1800 多个，鸭业经济总值达到 70 多亿，近四十多年来南京鸭馔产品行销港澳台、

绿柳居盐水鸭生产线

老门东店家的鸭馔产品

东南亚及世界几十个国家和地区。

南京鸭馔以它悠久的鸭业史、魅人的舌尖味、超高的美誉度，赢得“南京鸭馔甲天下”的美誉。

二　天味鸭品

在南京，不管是去市场上的鸭子店，还是在鸭品专卖店，人们都会发现鸭馔的花色品种颇多。鸭馔何以如此丰富？这是和南京人爱吃、会吃分不开的。一只鸭子既可以整只烹制，也可以零散加工。零散加工的鸭子，从头到爪，从里到外，各个部位都可以制作成美食。不同部位的鸭材，加工成五花八门的小吃，再配上荤素丰简的菜肴，以及浓淡不一的羹汤，就能做出鲜美可口的鸭馔来。

南京板鸭

板鸭是南京的特产。它源于江宁区的湖熟，它的制作技艺已传承600多年。明代初年，都城就有板鸭出售。明清时期，每年板鸭上市前，总要挑选最好的进贡朝廷，叫作“贡鸭”。1910年，在“南洋劝业会”，即中国举办的第一次世界博览会上，南京板鸭获得一等奖和金质奖章，它和苏州刺绣、镇江香醋被誉为“江苏三宝”；1956 年，在全国食品展览会上南京板鸭获得一等奖；1981 年，魏洪兴生产的“雪花牌”板鸭被商业部评为优质产品；1987 年，南京鸡鸭加工厂生产的“白鹭牌”板鸭被商业部评为优质产品。

盐水鸭

因南京有“金陵”的名号，南京盐水鸭又称“金陵盐水鸭”。传统盐水鸭加工，要经过宰杀、腌制、烘干、煮熟等工序，要求“熟盐搓、老卤复、吹得干、煮得足”。做好的盐水鸭皮白且细、肉肥且嫩、油多且鲜，既可佐餐，又宜下酒，是南京人都爱吃的一道美食。1981 年，南京腌腊卤菜商店的“桂花牌”盐水鸭被商业部评为优质产品；1987 年，南京鸡鸭加工厂的“白鹭牌”盐水鸭被商业部评为优质产品。

桂花鸭

桂花鸭，即盐水鸭。名曰桂花鸭，并不是在加工中以桂花作为调料，而是因为它原来产销于丹桂飘香的秋季。后人约定俗成，常把盐水鸭叫作桂花鸭。

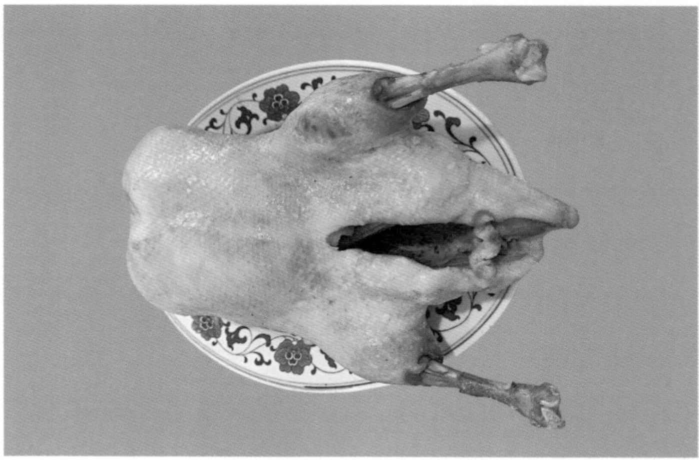

盐水鸭

烧鸭

烧鸭，也称烤鸭、叉烤鸭，它也是南京人爱吃的美食。主料为鸭，辅料有麦芽糖、蜂蜜、酒酿水、葱、姜、花椒等。卢前《鸭史》记道："制烧鸭之法，光烫以开水，涂以糖稀少许，用火炉烤之。"烧鸭除自身品质，烤制火候也很讲究。食用时，需蘸卤才好吃，也可配以葱、甜面酱、花椒盐增添味道。细细品尝，肉的紧实，皮的香脆，真是别有风味。

烤鸭

烤鸭，也称烧鸭、叉烤鸭。过去老南京人习惯叫

烤鸭

烧鸭，现在又习惯叫烤鸭。1987 年，南京鸡鸭加工厂的“白鹭牌”烤鸭被商业部评为优质产品。

叉烤鸭

叉烤鸭，也称烧鸭、烤鸭。因烤制时，鸭胚用铁叉叉起，置于炉中烤制得名。叉烤鸭和叉烤猪、叉烤鱼，并称“金陵三叉”。

酱鸭

酱鸭是江南地区特色传统风味。卢前在《鸭史》中介绍：“制酱鸭之法，与盐水鸭略同，所有鸭皮上之色，系用麻油与糖熬成之汁涂上。又酱鸭用头等酱油，加五香、桂皮、姜、葱煮之。”鸭胚选取肉质较嫩的鸭子，入锅后，要改小火，香料用纱布裹起来，烧煮过程中鸭子不能破皮，上色均匀。此鸭具有鲜、香、酥、嫩的特点。

鸭头

鸭头一般有盐水鸭头、酱鸭头、麻辣鸭头、椒盐鸭头、干锅鸭头、炸鸭头等多种做法。喝酒的人，喜吃鸭头鸭脑，啃起来味道绝佳。去店里斩鸭子，不是搭鸭脖，就是搭鸭头，也有专买鸭头回去下酒的。鸭子店卖得最多的是盐水鸭头、酱鸭头和麻辣鸭头。盐水鸭头、酱鸭头与盐水鸭、酱鸭制法相似；而麻辣鸭头制法却不一样，南京本地店家少有做麻辣鸭子的。

麻辣鸭头非常好吃，最主要的原因是和烹煮时所加的作料有关。加工麻辣鸭头时，先用干辣椒、花椒粒、姜片、蒜片炒出香味，再加入高汤、八角、桂皮、甘草、丁香、小茴香、香叶、草果、老抽、生抽、蚝油、糖、盐，熬出卤汁，将鸭头进行腌渍，入味后再加以卤煮。出锅后的鸭头，丰腴味美，香辣适口，回味悠长，还能开胃理气，降火生津。特点是又香，又麻，又辣，麻辣有度，就连骨片上也透着浓郁的香味。

烤鸭头

鸭脖

在鸭子店斩鸭子时，鸭脖子有零卖的；但更多的时候，是作为前脯或后腿的搭配出售的。顾客斩鸭子时，店家主会问：搭头还是搭颈子？这是行规，没人提出异议。鸭脖子制法与鸭头相同。好多人斩鸭子，就喜欢搭鸭脖，因为它是“活肉”，很紧实，咬起来有劲道，特别有嚼头，非常适合佐酒。

鸭脖

鸭食带

它是鸭子的食道，又名鸭食管。鸭食带配笋干，再用五香卤汁浸泡，那滋味，真的棒极了！爆炒鸭食带也是可口的美食，配料有：辣椒 、葱、姜、蒜、生抽、盐、糖、鸡精等。这道菜筋道爽口，吃起来又辣，又脆，又香。鸭食带对人体新陈代谢，以及神经、心脏、消化系统的维护都有良性作用。

鸭翅

鸭翅做法较多，有盐水鸭翅、酱香鸭翅、红烧鸭翅、香辣鸭翅、酸辣鸭翅、啤酒鸭翅等。鸭子好吃，鸭翅更嫩，因为翅膀是活肉。牙口好的，可以烧老一点，吃起来有咬劲；牙口不咋样的，可以烧嫩一点，极其鲜美。老南京馋酒的人，就爱一边啃着鸭翅，一边就着花生米，美滋滋的，活像个神仙。

烤鸭翅

鸭爪

鸭爪有几种常见的做法，比如盐水鸭爪、红烧鸭爪、无骨鸭爪、鸭爪煲等。爱吃鸭爪的人，多为这两种人：一种是嗜酒的人，一边喝酒，一边啃鸭爪，慢慢啃，慢慢喝，享受这个过程；另一类是爱美的人，他们觉得鸭爪纤细，肉不多，吃了也不容易胖。这种想法也是不无道理的。而且鸭爪还有一定的美容养颜功效呢，鸭爪中富含胶原蛋白，可以使皮肤变得更有弹性。

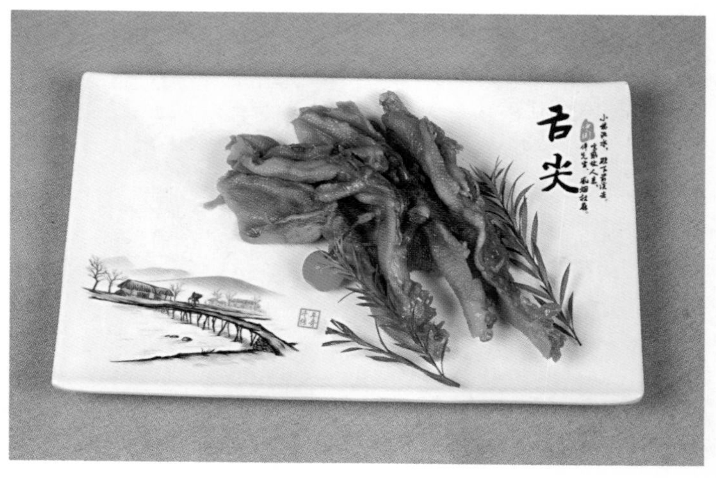

鸭爪

鸭四件

所谓鸭四件，自古及今，说法不一。通常是将鸭子的两只翅膀、两只爪子合称“四件”。清代夏传曾在《随园食单补证》中写道：“今人以鸡鹅鸭之肫、肝、心、肠谓之事件，或曰四件。”清末民初陈作霖在《金陵物产风土志》中写道：“市肆诸鸭，除水晶鸭外，皆截其翼、足，探其肫、肝，零售之，名为四件。”现今南京鸭子店家所卖的鸭四件，不同店家的品种也不尽相同，但吃起来都很美味，确实是南京人解馋、下酒的小吃。民俗学者陶思炎讲过一首关于“鸭四件”的南京民谣：“早上烫饭搭小菜，夏夜乘凉睡门外。满街靸板儿跑得快，穿着裤头扎皮带。家家春夏吃野菜，四件比肉卖得快。”这歌谣家喻户晓，也说明南京人爱吃鸭四件的程度。

鸭馔拼盘

鸭舌

鸭舌可以算是鸭馔中最小的休闲小吃，被称为鸭中珍品。一般以卤制居多，也有烤、炸、煎、泡等制法，或咸，或甜，或香，或麻，或辣。食用时一点一点地剔肉，肉虽少却很筋道；一丝一丝地咀嚼，细细地品味，像是在品尝生活的味道。

鸭舌

鸭肫

鸭肫是南京人家里和酒家菜馆里的特色佳肴，如爆肫花、清炸肫花、肫花吐司等。鸭肫小吃，有鸭肫烧卖、鸭肫面等不同品种。然而，其中最有名气的还是咸鸭肫。它的腌制历史基本与南京板鸭差不多，但是产业化批量生产，还是近一百多年的事情。腌制咸鸭肫，方法简单：将鲜鸭肫从横面剖开，清除肫中一层黄皮（鸭内金）和外部筋膜，用盐加花椒等香料进行腌渍。腌好后，再用细麻绳把鸭肫穿成一串，在太阳下曝晒，并逐个用手掌压扁，直到肫体板结，然后置于室内风干，食用时用清水浸泡，蒸食或煮食都可以。鸭肫形状扁圆，肉质紧实，食之耐嚼，无油腻感。在过去生活贫困的年代，作为年货的腌腊食品，家家户户到了春节才能凭票购买，与香肠、小肚一样是大年三十和春节宴席上的特色冷盘。那时候，咸鸭肫还是馈赠亲友的

鸭肫

佳品。随着人民生活水平的提高，人们随时可去店里购买咸鸭肫。南京咸鸭肫在国际上享有盛誉，在港澳台和东南亚一带与板鸭齐名。

鸭心

从传统食补意义上讲，鸭心好处多多，它可以起到亮发作用，还有一些温肺、润心、益肝、健脾、和胃、补肾和润肠的功效。从食客口味上讲，鸭心做法多多，在鸭子店可以买到盐水鸭心、麻辣鸭心、香辣鸭心、酱烧鸭心、孜然鸭心。在馆子里，还有着多样做法，比如西芹炒鸭心、芦蒿炒鸭心、洋葱炒鸭心、新笋炒鸭心、黄芪炖鸭心、鸭心冬瓜煲、鸭心杏鲍菇、鸭心酸菜汤等。

鸭肝

炒鸭肝与炒猪肝不一样，炒猪肝可以直接在油锅里爆炒，而炒鸭肝则不然。它是先将生鸭肝在开水中煮熟，晾干后切成块状，再加上各种作料翻炒，勾薄芡上盘。此菜口感细腻、营养丰富。不过，南京本地人大多还是爱吃盐水鸭肝。它香气独特，回味悠长。

鸭心

鸭肝

鸭肠

鸭肠的吃法多样，通常有卤鸭肠、铁板鸭肠、烤鸭肠、炒鸭肠、炖鸭肠、麻辣鸭肠、桂花鸭肠和鸭肠汤等。鸭肠无论怎么吃，都不失为一道下酒的佳肴。鲜鸭肠在市场里可以买到，但如果自己在家里烹饪，要一节一节地把肠子上的杂油清除，清洗起来真的很麻烦，民间有句话叫作“鸭肠好吃清洗难”，所以南京人想吃鸭肠，大多还是上鸭子店去买现成的。

鸭肠

美人肝

有些菜不能顾名思义，美人肝就是这样。所谓美人肝，既与美人无关，又不是肝，而是鸭子的胰脏。做成一盘美人肝确实不易，一只鸭子一小块胰脏，几十只鸭子的胰脏才能炒出一盘。此菜鲜嫩爽口，口味独特。民国时马祥兴清真菜馆发明了“美人肝”这道菜，自此鸭的内脏被南京人吃了个遍。

鸭架汤

南京人真的爱吃，就连鸭骨架也不放过。将鸭骨架做成鲜美的汤羹，在酒足饭饱之后，再喝一小碗鸭架汤，口味极鲜，有滋有味。尤其在盛夏，鸭架汤加上时蔬，有利于消暑，更让人惬意。南京老百姓家里做鸭架汤，通常有鸭架萝卜汤、鸭架冬瓜汤、鸭架粉丝汤、鸭架丝瓜汤这几种。

鸭油

鸭油并不是用鸭肉炼出来的，它是在烤制时从鸭子身上渗出，一滴滴淋下来的。鸭油胆固醇远远低于其他动物油，有利于人体健康，鸭油粥、鸭油酥烧饼十分好吃。

鸭油酥烧饼

鸭油酥烧饼为奇芳阁的名小吃。它的制作要点：和面时在面粉中倒入鸭油，用手揉搓，让鸭油与面粉融合在一起。接着将鸭油制成的油酥心叠在面饼上，按压紧实。让面饼在外，油酥心在内，将饼卷起收口，让面饼把鸭油的香味紧紧包住。用擀面杖擀平面团，搓成长条状，将其揪成大小匀称的面剂子。每一个揉好的面剂子，再经过揉搓上劲，揪成一个个面团。接着，用擀面杖把每一个面团擀压成型。最后蘸上芝麻，

鸭油酥烧饼

放入烤盘中。烤出来后，鸭香盈溢，两面橙黄，层层酥脆。

鸭油粥

现在很少有人知道鸭油粥的滋味了。从前，南京人斩鸭子，经常会顺便打一瓷缸鸭油回家。在稀粥烧好后，淋上一两勺鸭油，撒上一撮盐、一把葱花，再把稀粥和一和，顿时香气扑鼻。这里的鸭油香，很是特别。鸭油在热腾腾的稀粥中与盐、葱相遇，它的香味瞬间被激发出来，喝一口稀粥，满口鸭油香，不亚于吃烤鸭的滋味。

鸭子肉粥

鸭子肉粥是清代常见小吃，《红楼梦》《随园食单》里皆有记载。主料有净鸭肉、粳米，调料有盐、黄酒、胡椒粉、葱、姜，再配以清汤等。制法：将鸭肉洗净入锅，加入黄酒，煮尽血水后捞出；另起锅加清汤、盐、黄酒、鸭肉、葱、姜，鸭肉煮至七成熟时取出，切成细粒备用；粳米慢熬将熟时，加入鸭肉粒，煮熟即成，然后再适度地加盐或胡椒粉。鸭肉粥营养丰富，可以滋补身体，利尿消肿。

烤鸭汤包

烤鸭汤包曾经流传于南京。相传太平天国建都江宁（南京）后，天王洪秀全听说朱元璋爱吃烤鸭，进而统一了天下，便命御厨将烤鸭切丁为馅，做成包子，意在“并包天下”，后被叫作“天王烤鸭包”。再后来，南京做白案的厨师根据食客口味，在馅子里再加些许猪肉和汤汁，便成了烤鸭汤包。汤包在蒸至上汽时，浓浓的鸭肉和猪肉香味飘散出来，非常诱人。

鸭血粉丝汤

南京与鸭子有关的美馔中，鸭血粉丝汤算是南京小吃中的特色小吃。当一碗热腾腾的鸭血粉丝汤端到面前时，首先它的色泽便“引人入胜”：紫红的鸭血，玉白的鸭肠，酱色的鸭肝，透明的粉丝，青翠的香菜，让人食欲大开。再动起筷子，边吃边品，胃口全开，鲜嫩的鸭血，耐嚼的鸭肠，略感柔面的鸭肝，缠绵爽口的粉丝，青葱惹眼的香菜，还有诸味交织的汤水，它们合起来，才真正构成鸭血粉丝汤的美味。连汤带水吃完后才知道，这道小吃简直把鸭下水的味道发挥到了极致。鸭血粉丝汤在老城南已有一百多年历史了。只要走进夫子庙，鸭血粉丝汤的店面随处可见。

鸭血粉丝汤

鸭肉烧卖

南京烧卖的馅，以猪肉居多，鸭肉烧卖却不多见。鸭肉烧卖的馅，多用熟鸭肉与胡萝卜切丁，掺上糯米饭混合而成。这样蒸出的烧卖，晶莹剔透，让人看了就有食欲，再咬上一口，鲜嫩的鸭肉，香甜的糯米，绝对是一种享受。

三　品牌鸭店

千百年来，南京鸭馔店家层出不穷。六朝至唐代水西门的孙楚楼，明代老城南的来宾楼、南市楼、重译楼等历史名楼，清代秦淮河畔的泰源、德源、便宜馆、新顺馆等历史名店，都是制作鸭馔的古老店家。近一百多年来，与鸭馔有关的老字号专卖店及新兴鸭企知名度较大的有庆源祥、韩复兴、濮恒兴、魏洪兴、刘天兴、桂花鸭、樱桃鸭等店家；与鸭馔有关的知名兼营店也很有特色，有马祥兴、绿柳居、奇芳阁、安乐园、永和园等店家；还有散落于街巷中的市井鸭子店现在也崭露头角，有徐家鸭子、章云板鸭、陆家鸭子、金家鸭店、毛弟鸭店等店家。这些各具风味的鸭企鸭店，是一代代南京人和外地人口中吃出来的金字招牌。

鸭馔专卖店

庆源祥

庆源祥板鸭店创始于清末，坐落在夫子庙贡院西街与龙门街的拐弯处。有一帧庆源祥黑白老照片，店家门前上方挂着两排板鸭，排列齐整，甚是诱人。庆

民国时期的夫子庙庆源祥板鸭店

源祥板鸭店在小雪前后开始整理鸭胚，农历新年上市，清明前就已售罄。店里出产的盐水鸭具有“皮白肉红骨头绿”的特点，肉质细嫩，鲜美可口。民国时期，秦淮地区已形成庆源祥（贡院西街）、金恒兴（大彩霞街）、魏洪兴（三山街）三足鼎立局面。

韩复兴

韩复兴鸭子店创办于清末同治五年（1866 年）。由于该店鸭子酥烂脱骨，香气四溢，油而不腻，成为进贡皇家的专用食品。民国时期，韩复兴有三家门面，

韩复兴

其中一家开在夫子庙，靠近文德桥南堍的三星池浴室，后来成为老南京的招牌店。此时，板鸭、烤鸭、盐水鸭都是该店的特色品种。在1910年“南洋劝业会”上，韩复兴板鸭荣获金奖，让人对南京板鸭刮目相看。现今的韩复兴在南京有多家门店。韩复兴有过辉煌的过去，曾有“北有全聚德，南有韩复兴”之誉；如今的韩复兴，依然是市民心目中信得过的名牌。央视拍摄的《金陵鸭魁》专题片，称它为南京盐水鸭的代名词。

刘天兴

民国时说起刘天兴鸭子店，南京人无人不晓，它与韩复兴、濮恒兴等店家齐名，曾被评为“南京鸭铺八大家”之一。刘天兴开在夫子庙边上的武定桥旁，生意兴隆，每天买鸭子的人都要排起长队。刘家生意做得红火，除了鸭子店，后来还开了菜馆、旅馆和红木家具店。1949年，刘家已经不再做鸭子生意。其后人喜爱读书，大多以教师为业。现在人即使想吃刘天兴鸭子，也已经无处可寻，刘天兴鸭子店也早已成为南京的老故事了。

魏洪兴

魏洪兴创建于1910年。据说该店的开办，源于一个赌气之举。魏年宝原是七家湾宰牛坊的老板。一天，他要喝酒，就让伙计去金恒兴鸭子店斩鸭子，并叮嘱：“不要多，只要好的，不管价钱。”伙计人老实，去了鸭子店实话实说，不料金恒兴老板不屑一顾：“要吃好鸭子，自己去开店！”伙计回来又如实一说，魏年宝火冒三丈，一气之下在大彩霞街金恒兴鸭店对面打出“魏洪兴板鸭店”招牌，与金恒兴形成对垒之势。1928年，魏洪兴盐水鸭被誉为“鸭都头魁”。魏洪兴鸭子越做越好，后来又迁至三山街。由于地处繁华闹市，又货真价实，魏洪兴鸭子店一跃成为老城南的名店，成为南京八大鸭铺之一。如今，魏洪兴的百年经典仍在流传。

魏洪兴板鸭店

濮恒兴

濮恒兴板鸭店创办于民国初年，位于花市大街（今长乐路至瞻园路的中华路段），是当时南京城有名的鸭子店。老板姓濮，兄弟中排行第六，人称濮老六。濮老六人很勤劳，又善于经营，生意越做越火。濮老六不只是宰杀加工，他善动脑筋，利用秦淮湖塘众多的地利，租借白鹭洲等一些水面喂养鸭子。濮老六主要是购买不足斤两的鸭子，放到湖里喂养一阵子，等到肥壮时宰杀。所以濮家养鸭的地方，被城南人称为“鸭子塘”。

桂花鸭

南京桂花鸭（集团）得名于中秋桂花飘香时的“桂花鸭”，脱胎于国营南京腌腊卤菜商店，1982年注册“桂花”牌商标，现已成为集养殖、加工、配送和连锁经营于一体的著名鸭企。主营盐水鸭、酱鸭，年加工桂花鸭近600万只。市内连锁店一百多家，产品行销全国，知名度极高。

老门东桂花鸭店，春节、元宵节期间还兼卖花灯

鸭馔兼营店

马祥兴

历经沧桑的马祥兴数易其址，现址位于云南北路。清代道光二十五年（1845 年），在聚宝门（今中华门）

云南北路上的马祥兴

外米行大街上一家店名叫马祥兴的清真菜馆开业了。此店的特色菜肴是“牛八样”，有牛肚、牛心、牛筋、熏牛肉、牛舌、牛肉汤等。传统“四大清真名菜”是美人肝、松鼠鱼、凤尾虾、蛋烧卖。这些一直是店里的“金字招牌”。而美人肝尤其为诸多文人所青睐。马祥兴菜馆的盐水鸭被国家认定为“全国清真名牌风味食品”。2006 年，马祥兴菜馆被授予首届“中华老字号”称号。

绿柳居

绿柳居现位于太平南路。1912 年，开在桃叶渡，是一家一百年多年的老字号清真菜馆。该店以清真菜品和素食为品牌，供应盐水鸭、特色卤味、粽子、月饼等多样化产品。特色菜品有八宝玲珑鸭、宫廷素脆鳝、秘制大鲍鱼等。民国时期，该店是国府政要的宴饮之所，戴季陶、孔祥熙、宋美龄、白崇禧、蒋经国等人常常光顾。先后有 50 余款菜点获得“中华名小吃”“中国名菜名点”等殊荣，店家先后荣获“中华老字号”“国际餐饮名店”和“中华餐饮名店”等称号。2021 年，素食制作技艺（绿柳居素食烹制技艺）被列入国家级非遗代表性名录。

太平南路上的绿柳居

奇芳阁

奇芳阁位于贡院西街12号，坐落在夫子庙景区中心，是南京数一数二的老字号清真菜馆。在秦淮八绝16道小吃中，奇芳阁的鸭油酥烧饼、麻油干丝、什锦菜包、鸡丝面占了四席。1917年，由当时的南京社会名流和商界要人李仰超、朱寿仁、刘海如和禹子宽等人合股经营，原在奇望街（今建康路）开设，取名奇芳阁，意思是清真素食的芳香很是奇特。1919年，朱寿仁、刘海如等人买下今址店面，为了与过去的奇芳阁有所区分，开业时便打出“新奇芳阁”的清真茶社招牌。现今的奇芳阁，重檐飞阁，朱栏雕窗。店里的特色小吃，尤以鸭油酥烧饼、麻油素干丝和素什锦菜包最为叫绝，2019年，奇芳阁还上了央视《远方的家》，向全球播出。

1929年的奇芳阁

安乐园

安乐园坐落在王府大街138号。由创始人蔡继恒始建于1920年，几经周折，2001年迁至朝天宫冶山东麓。现有经营面积2000平方米，可供600人同时就餐。

安乐园菜馆

店里经营小吃、卤菜、早茶、西点和菜肴五个系列。2000年，焖钵牛肉圆、六色套点（什锦菜包、细沙小包、牛肉汤包、鸭肫烧卖、三鲜小包、粟米窝头）被授予“中华名小吃”称号。该菜馆寄托着老南京人的思念，特别受回民喜爱。远近的“老南京”总喜欢清晨到此泡一壶茶，点几样小吃，消停自在地吃早茶。

金陵春

民国时期，金陵春中西餐馆地处贡院街，是当时社会名流宴客的重要场所，各界名人对金陵春菜肴赞

金陵春

不绝口。胡长龄为张学良烹制金陵烤鸭一事成为美谈。抗日战争时期，该酒店毁于战火。1997 年，金陵春酒楼在大石坝街重建。除了传承传统菜肴，它还是秦淮小吃的特色店家，其中盐水鸭是一道不可或缺的冷盘。

永和园

永和园位于建康路，2011 年由夫子庙迁到现址。它的前身是始创于清末的雪园茶馆，坐落在奇望街，后迁至龙门街。1941 年卞永生买下雪园，改名永和园，含有“永远和气生财”之意。当时店里的煮干丝、酥

永和园酒楼

烧饼香遍城南。现有小吃盐水鸭、桂花糖芋苗、蟹壳黄烧饼、荠菜素蒸饺、开洋干丝、鸡汁回卤干、韭香鳝鱼锅、美味鸭血汤等数十个品种，早茶晚餐大受欢迎。1922 年，朱自清、俞平伯在仲夏的一个黄昏来此品尝小吃，两人在月华初上之时游览秦淮河，相约写下现代文学史上的散文双璧——《桨声灯影里的秦淮河》。当代草圣林散之两次为永和园题写店名。

清和园

清和园位于中华门东侧的新民坊，即民国时期的贵人坊。店里既卖茶水，也卖干丝。干丝分为荤素两种：荤的有虾仁、鸡丝、鸭丝、肉丝等，素的有口蘑、香菇等。其干丝加工精细，以小磨麻油调味，加上细切的嫩姜丝，味鲜可口。

海洞春

海洞春创办于民国初年，坐落在桃叶渡，是一家河房式临水酒家，兼营特色小吃。店内装饰考究，挂有字画，设有雅座。到此用餐的一般是富贵之人、军政人员和纨绔子弟，且有歌舞伴宴，日日笙歌。酒筵大菜小吃俱丰，小吃要数“鸭羹粥”“鸡茸粥”最为招引食客。

宴乐春

民国初期，宴乐春餐馆位于武定桥连接东牌楼处。卢前在《鸭史》中写道：“武定桥宴乐春以烤鸭著，一鸭可以数吃，鸭皮烤，鸭油展蛋，鸭脯炒菜，鸭之骨架煨汤。”

老宝兴

民国时期，老宝兴菜馆位于东牌楼，后迁至桃叶渡。张通之在《白门食谱》中记得细致：“老宝兴之在东牌楼时，对门即一大鸭铺。其有肥鸭与大鸭腰，皆为宝兴所定用。故烤鸭之肥而大，他馆所无。其烤法亦好，脆而不枯，正到好处。至鸭腰之大而嫩，亦烹适宜，同为绝无仅有之佳品，而名盛一时。今在桃叶渡，其烤鸭仍著名焉。”

老正兴

老正兴菜馆坐落于魁光阁东侧，是人人知晓的老字号。1933 年，有一个从上海来的尤姓厨师，在清代光绪年间“江南官书局”旧址开设老正兴菜馆。20 世纪八十年代，夫子庙及秦淮风光带复建。1987 年，菜馆扩建成两层仿古建筑，北临贡院街，南依秦淮河，典雅气派。该店不仅浙绍菜正宗，而且不断推陈出新，推出十大“仿明菜”、十大“景点菜”，还根据《红楼梦》里描述的金陵名点和秦淮小吃，推出“红楼茶点宴”，食单有糖蒸酥酪、豆腐皮包子、桂花糖蒸栗粉糕、鸭肉粥、松瓤鹅油卷、奶油炸小西米、蟹黄馅油炸小饺、枣泥馅山药糕、红稻米粥和疗妒汤等。

问柳

清末，问柳茶馆坐落在贡院街上。店名源于唐代杜甫“元戎小队出郊坰，问柳寻花到野亭”的诗句。问柳原先是茶馆，后来又以制作各种肴馔出名。其河厅下有一棵垂杨，柳丝下的水里用竹笼贮养河鲜，食客随到随杀，也可由食客现场挑选。2012 年，问柳在老门东复建，命名问柳菜馆。新开的问柳菜馆位于箍桶巷，大门斜对面有一棵垂柳，春夏之际，柳丝婀娜，像是少女蓬松的青丝。问柳菜馆除了大餐外，主打各类秦淮小吃，如盐水鸭、小笼包、糖芋苗、赤豆元宵等品种。

问柳菜馆

秦淮人家

秦淮人家位于大石坝街，地处夫子庙秦淮风光带中心，是一座独具特色的涉外旅游宾馆。1992 年建成开业。宾馆为二层河房，坐北朝南，河房绵延。食客可以一边用餐，一边欣赏画舫。客房呈院落式布局，颇有老城南市井人家的古韵。其餐饮俗称“秦淮小吃风情宴”，食单中的鸭馔小吃颇受欢迎。席间伴有江南丝竹。秦淮人家以雅致的环境氛围、精美的秦淮小吃，接待过许多中外国家级来宾和团体，服务过世界华商会、国家艺术节和南京名城会等众多宾客。

红公馆

红公馆有夫子庙、老门东、新街口等多家门店，是一家经营浙绍菜、南京民国菜和秦淮小吃为主的店家。众多的秦淮小吃广受欢迎，有盐水鸭、鸭血粉丝汤、鸭油酥烧饼、芋丝炒芦蒿、南京水八仙、秦淮烫干丝、蟹肉蟹粉煮干丝、蟹壳黄烧饼、金丝桂花糖藕、麦仁鸭肉松、桂花糖芋苗、四喜蒸饺、翡翠烧卖等佳肴小吃。

南京大牌档

南京大牌档有多家门店。特色美食有鸭血粉丝汤、

老门东的南京大牌档

天王烤鸭包、招牌盐水鸭、老卤鸭翅、古法糖芋苗、卤肉烧卖、千层油糕、麻油素菜包、鸡汁回卤干、六合活珠子、冰镇酒酿、金牌煎饺、金牌蜜汁藕、酒酿赤豆元宵、老招牌阳春面、民国美龄粥、金陵炸臭干、南京素什锦等众多品种。

市井鸭子店

徐家鸭子店

徐家鸭子店是南京近二三十年来最火爆的人气鸭子店之一，在老门东、月牙湖、集庆路、永乐路、南湖、莫愁湖、秦虹小区等地有十几家分店。有烤鸭、盐水鸭，以及鸭肠、鸭肝、鸭四件、鸭掌、鸭肫和什锦菜等诸多品种。鸭卤醇鲜，浓淡适宜，鸭肉浇上卤汁，味道极佳，市民和游客尤其喜爱。鸭品可以真空包装，馈赠亲友。来该店斩鸭子的顾客争先恐后，每天下午四点左右便排起长龙。

章云板鸭

章云板鸭，名为板鸭店，其实并不以板鸭为主。经营有烤鸭、盐水鸭和特色酱板鸭，还有五香鸭翅、鸭爪、老卤鸭肫、蜜制香辣鸭头、秘制凤爪和素鸡等品种。其烤鸭皮脆肉酥，卤汁香浓；盐水鸭肉质细嫩，肥而不腻，食者赞不绝口。

陆家鸭子

陆家鸭子位于水西门大街。该店经营烤鸭、盐水鸭、烤鹅和鸭心、鸭肫、鸭肠、鸭肝、酱鸭头、鸭四件等品种。水西门、七家湾一带是南京烤鸭发源地，陆家鸭子是土生土长的水西门鸭子。其烤鸭皮脆、肉瘦、质紧、厚实；盐水鸭润滑入味、稍咸、清甜，口感没有说的。一年四季，门前没有不排长队的。

金家鸭店

金家鸭店有瑞阳街、洪武路和常府街几家门店。店里经营盐水鸭、脆片烤鸭、松子烤鸭，以及酱鸭头、麻辣鸭肠、蒜泥鸡爪、川香素烧鹅、五香牛肉、麻辣牛肉等品种。作为招牌的烤鸭，色浅、肉嫩、皮脆，很是可口，但是最绝的，还在于醇厚鲜甜的卤汁，和鸭子堪称绝配。

金宏兴鸭子店

位于明瓦廊。所售烤鸭、盐水鸭很瘦，鸭肫、鸭翅膀有咬劲，素烧鹅入味，适合做下酒菜。店门口也是常年排长队，如果是买整只回家斩，是可以不排队的。附近还有杨家馄饨、罗家汤圆、祁家面馆和金味栗子，这些都需要排上很长的队才能吃到。

巴子烤鸭

巴子烤鸭店位于长白街淮青桥东堍，经营烤鸭、盐水鸭、鸭四件和烧鹅等品种。其烤鸭皮脆带酥，现斩的鸭子还滴着鸭油，皮肉香浓。味道从案板上丝丝飘出，令排队的顾客垂涎三尺，啧啧称赞。此店已有数十年历史，生意火爆，周边居民和夫子庙一带棋牌室、麻将馆的玩友，以及客栈、宾馆里的外地客人，每每闻香而来，就连隔壁饺子店的食客也常来斩盘鸭子，作为吃饺子必配的佳肴。

杨震卤菜

地处侯家桥与罗廊巷交界处。主营鸭馔，有烤鸭、盐水鸭，以及卤制的鸭头、鸭翅、鸭爪、鸭心、鸭肫等。鸭肉细腻，酱汁香味四溢。人气四季旺盛。

富强卤菜店

富强卤菜店有多家门店，经营烤鸭、盐水鸭和凉拌菜、熏鱼等品种。其鸭子皮薄肉瘦，肉质紧实；老卤香料配比恰当，浓淡适中。

四　坊间鸭趣

南京鸭趣多，趣从何来？首先来自名人与南京鸭馔的趣缘，比如文化名流，有“性灵派”诗人袁枚、“鸳鸯蝴蝶派”作家张恨水、“江南才子”卢前；比如官场名人，有两江总督李鸿章、民国名流于右任、少帅张学良，还有当代烹饪泰斗胡长龄，他们与鸭结缘，因鸭生趣。其次来自市井百姓与南京鸭馔的趣缘，有板鸭的“北漂”、端午的鸭俗、鸭子的民谣与歇后语等有关掌故，饶有兴味，幽默成趣。可谓是：趣事趣语，趣味无穷。

美食家“退鸭信”

南京随家仓是清代乾隆、嘉庆年间著名诗人、美食家袁枚的园墅——随园所在地。他曾在南京及周边几个县当过县令，不久辞官来到南京。他大半生都住在随园，以诗文自娱，达观风趣，过着闲适自在的生活。

袁枚是个有名的吃货，又擅长研究美食，是个货真价实的美食家。

袁枚像　清人绘

一次，有位朋友给袁枚送来一只鸭子，包装上还贴了标签，上面注明是只又肥又嫩的鸭子。其实，这只鸭又老又瘦，就像老母猪肉一样烧不烂，嚼不动。袁枚看了并不生气。他到书房提笔写了封信，题目是《戏答陶怡云馈鸭书》。内容如下：

赐鸭一枚，签标“雏”字。老夫欣然，取鸭谛视，其衰葸龙钟之状，乃与老夫年纪相似。烹而食之，恐不能借西王母之金牙铁齿，俾喉中作锯木声；畜而养之，又苦无吕洞宾丹药使此鸭返老还童。为唤奈何！若云真个“雏”也，则少年老成，与足下相似，仆只好以宾礼相加，不敢以食物相待也。昔公父文伯会宴露睹父、置鳖焉小，露睹父不悦，辞曰：“将待鳖长而后食之。何如？”

信仅一百多字，嬉笑、戏谑、讥讽跃然纸上：什么“衰葸龙钟之状，乃与老夫年纪相似”，什么“烹而食之,恐不能借西王母之金牙铁齿”,什么“畜而养之,又苦无吕洞宾丹药使此鸭返老还童”等句子，真是妙不可言，令人拍案叫绝。此信言辞调侃，又不伤朋友情面，实是一封不是退鸭信的“退鸭信”。不知那位送鸭人看了信，情何以堪?

鸭血汤宴洋人

自古鸭血、鸭肠和鸭肝都是“鸭下水”，不登大雅之堂。据说，晚清时，一次两江总督李鸿章用烤鸭招待外国客人。满盘的烤鸭都吃光了。李鸿章见外国人吃得开心，就说：“江宁（南京）的特产大家多吃点。”客人齐声道：“没有了，没有了！”这时李鸿章才发现烤鸭已被外国客人吃光了，急忙说：“快找厨师！”这时厨房里已经没有烤鸭了，如何是好?有位厨子急中生智，说：“鸭血汤我们天天吃，口味很好。既然没有鸭子，就它用来代替吧。”众厨师赞成。很快，

李鸿章像

一盆鸭血汤端上桌来。李鸿章见了，不太高兴，厨师笑着说：“大人，这汤很有味道，您尝尝看！”这时客人已经你一碗、我一碗地吃了起来，随后发出“OK，OK”的赞美声，李鸿章这才高兴起来。从此，秦淮一带知道鸭血汤、做鸭血汤的人越来越多。只不过，现在的鸭血汤比过去丰富多了，除了鸭血，还加了鸭肝、鸭肠、粉丝和香菜之类。有的店家还会在这道小吃名称前再加“美味”两个字。如今的夫子庙，不仅有许多鸭血粉丝汤专卖店，而且几乎各类饮食店家都有这道美食。

老外笔下的南京鸭群

民国时有位名叫夏士德的美国人，写了一本关于长江中下游船舶见闻的书。译者徐智将其中一个段落的标题译为“游来游去的南京鸭群”。文中说：芜湖由于地处江边，小溪、沟渠和池塘有利于养鸭，便成了公认的养鸭业中心。这里鸭子很受南京人的追捧。所以芜湖所养的大多数鸭子需要顺流而下，漂流到南京。它们虽然原产于芜湖，但却成了南京鸭子。

鸭群是怎样从芜湖漂流到南京的？夏士德写道：“通常有 2000—3000 只鸭子在赶鸭人的护送下向下游

游去，不过偶尔也能看到一万只鸭子的庞大队伍。鸭群由三只舢板护佑左右，这些舢板起着指引路线、汇集鸭群与驱赶前进的作用。船队的每一侧都有一只舢板，一只较大的舢板尾部有一名桨手，他用一根长竹篙单调地拍打水面，以追赶后面掉队的鸭子。”

然而，鸭群并不总是在风平浪静中向着南京漂流的。文中说：“万一有微风吹拂，又长又开阔的江面上如果生起汹涌的波浪的话，家养的鸭子就难以招架了，因为这些‘飞鱼水手’习惯于栖息在可以遮风避雨的池塘和小湖。在这种情况下，队伍必须停下脚步，有时长达一周。赶鸭人，或称牧鸭人，在河岸上建造临时的草棚作为庇护所，以防止他们的鸭群迷失方向。一旦鸭群抵达南京，它们的航行生涯就结束了……”在夏士德眼里，“南京鸭尽管档次不高，但也扮演着重要的角色，因为在长江流域，它代表着餐桌上最好的食物”。

在南京，鸭馔每年销售量极大，仅仅依靠本地鸭源是远远不够的。因此除了江北高邮、邵伯等地提供鸭源，安徽芜湖也是“南京鸭”的重要产地。

民国时七家湾旁繁华的评事街上开着不同的鸭馔店家

“三张”题鸭店

清代光绪年间，由于韩复兴的鸭子酥烂脱骨，油而不腻，香气醇厚，成为进贡皇家的专用食品。民国时期，韩复兴位于夫子庙的招牌店越做越火，引得不少文化名家前来品尝，有的还挥笔题词。

当时寓居城南的三位大作家，张恨水、张友鸾和张慧剑都给韩复兴题过词。“鸳鸯蝴蝶派”小说代表人物张恨水题的是“首都唯一”，夸奖韩复兴鸭子是首都美食唯一的佳品；知名报人张友鸾题的是“六朝

张恨水在写作

佳品”，从历史的角度，夸赞韩复兴的鸭子大有六朝风味；同是报人，又为作家、评论家的张慧剑，题的是“白下风味”。“白下”为南京别称，张慧剑以此称赞韩复兴是南京鸭馔的老味道。一家鸭子店同时得到三位名家夸奖，不愧为南京鸭馔的一段佳话。

“四字”鸭赞

如今的金陵春坐落在大石坝街，可原址却在秦淮河北岸的贡院街。民国时这是一家西餐馆，称为番菜馆，地处夫子庙中心。其实金陵春是一家中西合璧的酒楼，除了西餐，还有京苏大菜，后来改名太平洋中西菜馆。20 世纪三十年代，年轻的胡长龄研制出的燕翅双烤席，轰动了饮食界。

1935年，秦淮河畔开来五辆轿车。张学良下车后，走进金陵春，一派儒将风度。陪同而来的有邵力子、林森、吴稚晖、于右任等政界名流。他们在雅致的大华厅坐下，点名要胡长龄烹制“燕翅双烤席”。南京人爱吃鸭馔，其实北方人也爱吃，全聚德鸭馔在北京就很有名气。乾隆御膳中有肉丝清蒸关东鸭子，慈禧寿宴中有鸭品集萃、挂炉鸭，溥仪的餐桌上少不了口蘑肥鸭。北方的饮食习惯讲究的是辛辣，吃鸭还要用煎饼、辣酱、葱蒜做佐料。金陵烤鸭则另有一番滋味：皮脆肉嫩，香气袭人，加上胡长龄的精心烤制，堪称一绝。燕翅双烤席汇集南北菜肴精华：头道燕翅就是典型的东北菜，麒麟鳜鱼则是南京的佳肴，萝卜丝酥饼本是南京街头的小吃……张学良品尝每道菜品后，引经据典，加以品评。他认为，金陵烤鸭全在一个“烤”字，并用“酥、香、脆、嫩”四字加以概括，恰到好处。

自此以后，胡长龄声名鹊起。后来，他又先后在双叶菜馆、骏记万全酒家、江苏酒家、六华春等多家馆子学艺掌厨，刻苦精研烹饪技艺，终成淮扬菜一代宗师、京苏大菜大师，人称“金陵厨王”。

“美人肝”

美人肝，也称鸭胰爆鸡脯，创制于20世纪二十年代的马祥兴，是南京的特色名菜。

1927年的一天，于右任在中华门外的马祥兴菜馆请客。大厨马师傅正要烹制最后一道菜，却发现食材不够了。他急中生智，把清水里浸泡的鸭胰脏作为主料，可是鸭胰一般不用来做正规大菜，可眼下只好试试看。马师傅将熟鸭油烧热，把鸭胰和鸡脯肉丝放进锅中过油，再加入冬笋丝、冬菇丝，舀入母鸡清汤，用鸭油爆炒，最后以湿淀粉勾芡，盛进盘子。上桌后只见色泽乳白，光润鲜嫩，再一尝，味道甚美，客人赞不绝口。当时有人问起菜名，马师傅脱口而出：“美人肝。”

酒过三巡，于右任盛赞美人肝真堪称一道名菜！在推杯换盏以后，他主动给马祥兴题写对联：“百壶美酒人三醉，一塔孤灯映六朝。”接着还写了横批：“饶有风味。”

后来，美人肝成了马祥兴的四大名菜之一；而美人肝因有于右任等名人的推崇，一直是店里的“金字招牌”。

为鸭撰史

在历史上，文化大家专为南京鸭子写史作传的，唯有卢前一人。

卢前像

卢前，何许人也？南京老城南人，是民国时期有名的戏曲史家、剧作家、诗人，尤其倾心于整理乡邦文献。1946年，他被聘为南京市通志馆馆长，主持编辑出版《南京文献》，保留了许多有关南京的地情史料。

1948年，卢前撰写《鸭史》一文，可谓文短义丰，史料价值颇高。主要述及如下：

其一，开门见山，文首点题："金陵之鸭名闻海内。"首先说出金陵鸭业、鸭馔在全国的知名度。

其二，记述金陵鸭源来自安徽诸地及本埠。

其三，记述四季养鸭差异，但唯独八月桂花开时最好，故有桂花鸭之称。

其四，记述盐水鸭、烤鸭、酱鸭、板鸭四大品种的制法。另记"美人肝"出自马祥兴，琵琶鸭专用于夏季。

其五，记述近郊金陵鸭以湖熟为最，而镇上的春华楼更为著名。

其六，记述从事鸭业的两个专业户：一为城南大彩霞街的“金恒兴”，一为城北北门桥的“杨顺兴”。而杨氏后因忌杀生，放弃本行，活到耄耋之年。另外记述一位侯姓之人，一顿能吃数只鸭子，他的吃法也很另类。

其七，记述秦淮鸭馔名店武定桥的宴乐春、夫子庙的老宝兴。

其八，记述国内鸡鸭店都以金陵分店相号召，北京便宜坊也自称是南京所设的分店。

其九，记述鸭子附件，零头八脑，即鸭的血、心、肝、肫及四件销售很广，鸭肫销到上海、香港，鸭毛销至欧美。

其十，鸭店喜用“兴”字作招牌，如韩复兴、金恒兴、魏洪兴等。

其十一，南京地名与鸡鸭有关。

其十二，记述饭店厨子烹制的黄焖鸭、香酥鸭、清炖鸭、叉烤鸭，不是街头鸭子店所能买到的。

其十三，记述一只鸭重量及价格，南京全市每天销售两三千只。

其十四，记述全市以鸭为业者近万人。故鸭业为南京一个大的行业。

全文约1700字的南京鸭史，记事记人，条分缕析；鸭店鸭馔，囊括其中；全貌毕现，点面相间，真是大笔如椽，惜墨如金。卢前先后在河南大学、成都大学、光华大学（上海）、暨南大学、复旦大学和中央大学任教，这样的大学者、大教授很接地气。为鸭写史，若无乡梓情怀岂能撰出？非为大手笔者岂能写好？

鸭味乡愁

南京鸭馔，闻名遐迩，蕴含情怀。这里仅撷取六则名人文字，看看他们是怎样表述的：

一则，晚清著名文人、藏书家甘熙，家住老城南的南捕厅。他在《白下琐言》里记有不同鸭馔：“金陵所产鸭甲于海内，如烧鸭、酱鸭、白拌鸭、盐水鸭、咸鸭、板鸭、水浸鸭之类，正四时各擅其胜，美不胜收。”可见，那时的南京鸭馔已经名满天下。

二则，家住仓巷的文人张通之，在金陵女子大学当教授。他在《白门食谱》里解析：“金陵八月时期，盐水鸭最著名，人人以为肉内有桂花香也。” 张通之道出：中秋丹桂飘香，盐水鸭因此得名桂花鸭。

三则，文学家朱自清在《南京》里描述：“咸板鸭才是南京的名产，要热吃，也是香得很；南京人都说盐水鸭更好，大约取其嫩，其鲜。”一句话道破了南京板鸭“香得很”，而盐水鸭皮薄嫩鲜的特点。

四则，出生于老门东半边营的孪生兄弟万籁鸣、万古蟾，曾经导演过我国第一部动画片《大闹天宫》和《铁扇公主》等动画片。他俩在《怀念故乡南京》里写道：“我们未满二十岁就为谋生离开了故乡。足迹经过长城内外，大河上下……我们尝过各地的山珍海味，佳馐奇肴，总认为比不上故乡的板鸭、香肚、小花生米……大概是‘敝帚自珍’吧，然而这却是无法抑制的感情。”走遍天下，还是故乡的食馔最美！

五则，作家、美术家叶灵凤在《岁末的乡怀》里写道：“我们家乡的烧鸭，虽然没有北京用填鸭烤成的烤鸭那么大，但它滋味的腴美，只有广东烧得最好的烧鹅才仿佛相似。除了烧鸭之外还有烧鸭汤，那是可以单独向烧鸭店买得到的，说是烧鸭汤其实是净汤，这是店里煮鸭的副产品。家乡有的是外红里白的萝卜。‘萝卜煨烧鸭汤’是最常吃的一味家常菜。”家乡的烧鸭、烧鸭汤也是一种忘不了的乡愁。

六则，作家黄裳在《旅京随笔》中写道，他们慕名前往以美人肝“驰誉当世”的马祥兴。遗憾的是，当时美人肝食材已经没有了。不过，一会儿胖胖的老板用荷叶包了刚刚收到的鸭胰，就给他们做了一盘，黄裳说：“我们自然欣然接受了。这是多美丽的质朴的‘人情味’。”一盘美人肝，一份醇美的乡情。

知名文人乐于记载南京鸭馔，但其中更是寄托着乡土文人们带着鸭味的乡愁。

七家湾与鸭业

说起南京鸭业，不能不提七家湾。这是一条古街巷，位于朝天宫东南，东起鼎新路，西至仓巷，弯到建邺路。史载，永乐十一年（1413 年）户部主事张班去宁夏。回来后，他带领当地回民来到南京，安置在三山门（水西门）内一带，其中有七大姓：陶、马、丁、姚、哈、莫、白。从此七家湾形成了南京回民聚集地。因而从明代起，以鸭为业成了七家湾回民的重要谋生手段。回民除了屠宰和加工牛羊肉，还经营鸭子生意。直至民国，七家湾与鸭业有关的知名饮食店家有：伍必辅经营的“南京板鸭商号”，以盐水鸭著称，也即 20 世纪五十年代公私合营后的“南京国营板鸭卤菜商店”；还有马钺经营的茶食店，分号遍布全城，公私合营后改称“清真桃源村食品厂”；更有前面提到的魏洪兴板鸭店、韩复兴板鸭店，早已成为南京鸭馔产品的名片。南京的板鸭、琵琶鸭、盐水鸭、烤鸭等品牌，大都与七家湾有关。

七家湾，一个值得尊重的老地名。地名里有南京“回回”们的守望，有老字号鸭馔炉火里的温度，饱含着浓浓的民族情，散发着美美的南京味。

烤鸭北漂

作为都城，历史上的南京对全国经济文化有着巨大的辐射力。《金陵野史》记道：“吾乡三烤，即烤鸭、烤鱼、烤猪……烤鸭当然以北京便宜坊的填鸭为最上品，但北京烤鸭还是由明代御厨从南京传到北京的。南京烤鸭的特点是开片后，鸭皮平展不卷，酥脆不腻。南京烤鸭传到广东，称为金陵片皮大鸭；传到四川，则称为堂片大烤鸭。以前南京烤鸭以利涉桥畔的便宜馆，和淮清桥河沿的新顺馆为最有名。”可见，南京烤鸭曾经有“北漂”“南漂”和“西漂”的历史。

这里只说说南京烤鸭的北漂吧。大凡去北京的人，多半要去全聚德品尝一下北京烤鸭，因为北京烤鸭家喻户晓，闻名中外。但是北京烤鸭的源头却在南京，明初南京烤鸭在十六楼叫卖时，还没有北京烤鸭呢。据传，南京烤鸭的制作技艺始于宋代。明成祖迁都北京，御厨把南京烤鸭技艺带到北京，成为宫廷御膳。北京的老字号便宜坊，专注焖炉烤鸭；而南京便宜馆的烤鸭，比北京还要早。北京烤鸭虽然源于南京，但是南北也有区别：在鸭胚上，北京选用经过特殊饲养的填鸭，南京多选用瘦型湖鸭；在烤制上，北京是叉烤，南京是用特制的烤炉挂起来烤制，所以也叫挂炉烤鸭。总之，北京烤鸭是在承继南京烤鸭技艺基础上发展起来的。

板鸭名气

南京板鸭初始南朝，闻名明清，盛于民国。板鸭虽然历史久远，可它真正搞出名堂的地方，应当首推湖熟。

江宁湖熟这地方，河网纵横，池塘连片，古来就是鱼米之乡、养鸭天堂，明清时便盛产板鸭。清初，南京板鸭已成为贡品；逢年过节，官吏之间就以板鸭互赠，所以有了“贡鸭”与“官礼板鸭”之称。到了民国，湖熟镇上有不少知名店号，如马鸿兴、何聚元、春华楼、岳阳楼、万元楼等鸭子店。《金陵拾掇录》

记道："南京板鸭，尤以南门外湖熟镇为最。"在清末中国举办的第一次世界博览会——南洋劝业会上，韩复兴板鸭获得金奖。从此南京板鸭远销海外。

民国时，南京城内经营板鸭的店铺，最知名的有五家：贡院街的庆源祥、三山街的魏洪兴、武定桥的刘天兴、中华门的濮恒兴和坊口的韩复兴，合称"一祥四兴"，而且都是老字号，被称为"清真佳品"。

这"一祥四兴"之所以有名，还源于"三精"：一是选料精。这些店家只选当年体壮肥硕的雄鸭；二是养鸭精。各店在白鹭洲等处自围鸭圈，俗称鸭子塘。湖中有螺蛳、小鱼等活食，早晚喂稻谷，不可谓不精；三是加工精。选用够分量的筒子胚，用炒盐腌制，以清卤再腌，经叠胚、排胚、晾胚，最后才为成品。其制作过程和品质特点，行内人概括成几句话："炒盐腌，清卤复，烘得干，焐得足；皮白，肉红，骨头绿（酥）"。

过去，市民和游客多到"一祥四兴"购买板鸭，作为馈赠亲友的礼品。顾客到某家购买鸭子，看重的是牌子。"一祥四兴"不仅自身品牌过硬，还坐落于"天下文枢"之地的夫子庙及周边一带。老字号品牌，加上夫子庙的文气，因而使得南京板鸭更有名气。

全鸭席

南京何以成为名副其实的鸭都？卢前在《冶城话旧》中写道：“南京以善制鸭著，盐水鸭、板鸭、酱鸭，名目繁多……买一鸭可以成全席。”这是说，南京人烹制鸭子最拿手，食客随便斩一盘回家，就可以成就“全席”。意思是有了鸭子，其他菜肴可多可少，也算“全席”了。但是这里的“全席”，可不是全以鸭子做成的全鸭席，真正吃过全鸭席的人还不太多。

据老一辈大厨回忆，清代南京已有全鸭席。民国时，秦淮宴乐春酒家的全鸭席就很闻名。烹饪大师胡长龄曾经提供过一个全鸭席食单，不过那还是20世纪三十年代的。食单如下：

胡长龄《金陵美肴经》书影

四双拼：

盐水鸭、卤鸭肫、烫鸭肝、陈皮鸭、鸭蛋松、酥鸭条、腐乳鸭、咖喱鸭舌。

四时炒：

料烧鸭、掌上明珠、炒玲珑、裹炸鸭。

六大：鸭包鱼翅、烤大肥鸭、葵花鸭、茄汁鸭、花蛋鸭孚、松子鸭羹汤。

六小：瓢儿鸭腰、人参鸭、美味鸭胰、桂花鸭脯、秘制鸭肉、竹荪美味鸭。

点心：鸭肉四喜饺、枣泥鸭蓉饼、四鲜水果。

20世纪九十年代，安乐园菜馆研制过全鸭宴，食单如下：

花色拼盘：鸭乡风光。

八个围碟：水晶鸭脑、桃仁鸭球、荔枝鸭心、菊花鸭脯、咖喱鸭舌、芝麻鸭肝、金鱼鸭掌、盐水肫。

大菜：鸭粥鱼翅、金陵烤鸭、蝴蝶鸭排、美味鸭胰、爆炒玲珑、肫花蛋烧卖、瓢儿鸭舌、雏鸭归巢、鸭孚火锅。

点心：四喜鸭饺。

21世纪初，新街口金鹰大酒楼推出三种规格的全鸭席，获得中国烹饪协会“中国名宴”美称。

为了避免重复单调，全鸭宴讲究全席的搭配、荤素的搭配、色彩的搭配与器皿的搭配。不得不说，全鸭席确实是筵宴中的高档酒席。

端午鸭俗

说起端午习俗，南京和其他地方大同小异，有吃粽子、戴香囊、划龙舟、悬挂菖蒲和艾草等风俗。

然而，十里不同风，百里不同俗。在食俗方面，当代南京民间最盛行的是吃“五红”：即烤鸭、红苋菜、龙虾、黄鳝和红油鸭蛋。而在“五红”中，最受南京人追捧的，无疑是烤鸭。

端午节徐家鸭子店总是排起长长的队伍

每到端午节，南京鸭子店、卤菜店的生意都异常火爆，每家门前自然排起“长龙”，没有一两个小时休想买得到。所以来排队斩鸭子的人，都得耐住性子，否则难以把鸭子斩回家。虽然南京人三天两头吃鸭子，但总觉得端午节跟平日不一样。即使遇到雨天，那“长龙”也一点不乱，更没有因为下雨就有放弃排队的。如此嗜鸭，正是南京人的秉性。

端午与鸭馔有关的习俗，除了吃鸭子，小孩还在胸前挂鸭蛋，鸭蛋就装在彩线编织的网络中。“鸭”“压”谐音，意思是以此驱瘟辟邪，祈求孩子健康度夏。

城南鸭谣

南京有全民食鸭的传统，民间关于鸭子的民谣也颇为生动。

南京江面宽又宽，一只鸭子飞不过江对岸。

南京地处长江下游，江面宽阔。无论是本地养的鸭子，还是从外地贩来的鸭子，没有一只能够活着飞出南京的。

南京城墙高又高，一只鸭子飞不了。

南京明城墙是全国最高的城墙，没有一只鸭子，能够活着飞过高耸的城墙。曾经有位网友在谈论南京

夫子庙鸭店的经典语录:“没有一只鸭子能够活着离开南京”

鸭子时调侃说,即使投胎成鸭子,也绝不能投胎到南京,因为来了就是个死货。

南京人奇又奇,桌上无鸭不成席。

南京人餐饮习惯特别,家中小酌也好,酒店筵宴也罢,好像缺了鸭馔就不算饭席酒席,这就是不一样的南京人。

上述民谣之所以流传,是因为这里的鸭店遍布南京城,是因为这里有吃鸭成“疯”的南京人。且看——

南京无处不卖鸭。不管繁华闹市,还是大街小巷,只要有人群的地方,只要有人路过的地方,不经意处就会有一家鸭子店。仅夫子庙就有桂花鸭、韩复兴、六朝鸭业、鸭不同、苏星鸭、御品鸭夫、四宝祖鸭、丁香鸭、百年樱桃鸭，以及鸭得堡鸭血粉丝汤、来燕桥鸭血粉丝汤、冯鑫记鸭血粉丝汤、老秦淮鸭血粉丝汤、老南京鸭血粉丝汤、冰蓉鸭血粉丝汤等几十家鸭馔店家。

南京无人不吃鸭。不管男女老幼，不管有事无事，不管在家在外，也不管小聚大餐，人们总想吃点鸭子，永远尝不够吃不够。有个故事，说的是 20 世纪六七十年代，城南有户人家买了盘鸭子。晚餐时孩子先搛了块鸭肉，正往嘴里送，爸爸用筷子敲了下儿子筷头，笑着说："你还小，以后还有的吃呢；大人以后吃的日子比你少多了。"孩子脱口回道："你们大人已经吃了好多年了，我才吃几年啊？"其实，这是南京人生活中的小幽默。在当年生活艰难的年代，鸭馔便是南京人难得一食的佳味。

南京人吃鸭子吃到疯狂，除了鸭毛、鸭锁骨和鸭屁股不吃，从鸭头到鸭爪，从鸭身到内脏，各个部位和器官，都能做成美味食品。但是也有极少例外的"鸭客"，专吃鸭屁股。曾经有个嗜酒的门东人，经常到熟人的鸭子店要鸭屁股下酒，美其名曰"松子香"，真是让人难以理解。

有关鸭子的民谣，道出了南京人的饮食传统，说出了南京人的美食最爱。南京城各处的星级宾馆、高档酒店和大众饭店，以及街头巷尾的卤菜门店，都把鸭馔当作经营的特产，而且生意都不错。

鸭子歇后语

南京不愧为历史文化名城，不只是文学名著多、成语典故多，在这里产生和流行的歇后语也很多。南京老百姓贯用诙谐的歇后语，形象地表达某种意思，常常让人会心一笑。歇后语前半截是比喻，宛如谜面，后半截为谜底，生动有趣，反映了普通百姓的聪明才智。老南京人挂在嘴边，与鸭有关的歇后语就有不少：

小鱼追鸭子——找死（事）

小鸡跟鸭子亲嘴——你嘴小，人家嘴大

狗撵鸭子——呱呱叫

鸭子死了——嘴还硬

鸭子出世——没了娘（粮）

鹅行鸭步——慢吞吞

鸭子追猫——赶不上

赶鸭子上架——为难

鸭子吃泥鳅——吞吞吐吐

鸭子孵小鸡——白忙活

鸭子的屁股——爱翘（俏）

鸭子吞螺蛳——全不知味

鸭子煮锅里——身子烂了嘴还硬

锅里的鸭子——窝脖

绒毛鸭子刚下水——新学

黄毛鸭子下水——不知深浅

三斤半鸭子二斤半嘴——多嘴

头上站鸭子——顶呱呱

鸭子回娘家——大摇大摆

鸭子踩水——暗中使劲

煮熟的鸭子——飞不了

鸭子展翅——算个什么鸟

这些短小、风趣、生动和形象的歇后语，都以鸭子为“引子”，引申出具有生活智慧、别有情趣的语言表达。它们都是长期以来或生发于或流行于鸭都南京的语言成果，反映了南京人的睿智与风趣。

吃鸭理由多

有位网名叫“肥郭”的先生真是有才，他写道：“下辈子投胎，如果是鸭，如果还是去南京投胎做鸭的话，那就不要去了。去了，活了三个月又得回去了。”接着他又写道：“我曾经私下咨询过身为南京土著的同事，南京人是怎么表达对鸭子喜爱的？同事想了想，回答说：

‘今天家里没搞什么菜，去斩盘鸭子。

这么多菜，再斩盘鸭子当冷盘吧。

晚上喝稀饭，斩盘鸭子当小菜吧。

不想烧饭，下碗面条，斩盘鸭子，多要点儿卤子。

动都不想动，点个鸭血粉丝汤吃吃算了。

天气这么好，去玄武湖转转，买点儿鸭四件坐在草坪上啃啃。

夫子庙鸭血粉丝汤店家

夫子庙店家的盐水鸭

天气这么差，窝在家啃啃鸭四件看电视好了。

家里来客人了，去斩盘鸭子吧。

一个人在家不知道吃什么，干脆斩个鸭子算了。

今天心情不太好，斩点儿鸭子啃啃吧。

今天被领导骂了，啃点儿鸭子消消气吧。

明天要考试，斩个鸭子补补脑子。

考了一天试，斩个鸭子补充体力。

期末考试考得不错，斩个鸭子犒赏犒赏自己。

发工资了，斩个鸭子吧。

礼拜五周末了，斩个鸭子吧。

明天又要上班了，斩个鸭子吧。

要去外地吃不到了，赶紧斩个鸭子吧。

刚从外地回来，馋得要命，赶紧斩个鸭子吧。

家门口新开一家卤菜店，斩个鸭子尝尝看。

买菜顺手斩个鸭子吧。

过生日了，斩个鸭子。

清明节到了，斩个鸭子。

劳动节到了，斩个鸭子。

儿童节到了，斩个鸭子。

端午节到了，斩个鸭子。

国庆节到了，斩个鸭子。

重阳节到了，斩个鸭子。

过年了，一年到头了，怎么也得斩个鸭子。

城南店家的鸭馔产品

出去转了一圈，什么都没买，就斩了个鸭子。

碰到个熟人，他去斩鸭子，算了，我也斩一盘吧。’”

……

“肥郭”先生通过对“老南京”的问询，道出了南京人爱吃鸭子的种种理由，真是五花八门。南京人爱吃鸭子，有一千个理由，换句话，又是无需任何理由的。可见，南京“鸭都”实至名归。

后 记

去年深秋时节，南京出版社社长卢兄海鸣先生约我为此套丛书之一《南京的鸭馔》撰稿，我欣然接受。

我是老南京，也是老秦淮，自小生活在鸭都市井之中。南京人常常“鸭”语连珠，什么“狗撵鸭子呱呱叫（某事做得非常好）”，什么“鸭子死了嘴还硬（某人明明错了，还在强词夺理）”之类的话脱口而出。如果家里来客，往往说“斩盘鸭子，再炒几个菜吧”；如果朋友小聚，也往往会说“冷盘点个盐水鸭吧”，或说“斩个烤鸭带去”。可见鸭馔与鸭文化已然深深烙进人们生活的基因里了。

《南京的鸭馔》分为四个篇章。第一篇章为鸭史，以一个个与鸭有关的微历史、微故事，记述先秦及今的南京鸭事史迹；第二篇章为鸭馔，把南京人爱吃的鸭馔小吃融于一编，有的还写出它们的店家出处、食材作料、烹制技艺、舌尖至味及惬意美感；第三篇章为鸭店，介绍街头巷尾知名的鸭子店、卤菜店，以及旅游休闲街区售卖鸭馔的酒店餐馆与鸭品店家。限于篇幅，只能记录具有代表性的鸭子店及鸭子生产销售企业；第四篇章为鸭韵，记录南京历史上与鸭馔有关的名人轶事、鸭俗鸭趣等内容。

《南京的鸭馔》语言通俗，说古道今，文短事丰，写出了帝王、官宦、文人和百姓与鸭馔的多彩的南京故事。为增强可读性，选配了相应的人物、店家和景观等方面的老照片。在鸭馔和店家图片的拍摄过程中，摄影艺术家龚文新先生拍摄了系列图片；南京古南都集团副总、绿柳居素食技艺国家级传承人张志军先生，绿柳居总经理宋宜维女士，市级传承人包永祥先生为有关鸭馔拍摄提供了便利。对诸位的热心相助，在此一并表示真诚的谢意！